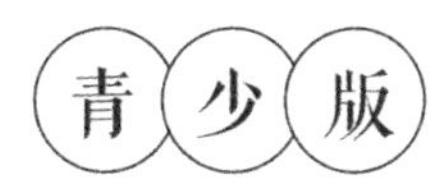

中国科技通史

建筑、航运、冶金、陶瓷、水利

江晓原 主编

中国盲文出版社

图书在版编目（CIP）数据

青少版中国科技通史. 建筑、航运、冶金、陶瓷、水利：大字版 / 江晓原主编. —北京：中国盲文出版社，2022.12

ISBN 978-7-5224-1241-2

Ⅰ. ①青… Ⅱ. ①江… Ⅲ. ①科学技术—技术史—中国—青少年读物 Ⅳ. ① N092-49

中国版本图书馆 CIP 数据核字（2022）第 210404 号

青少版中国科技通史
建筑、航运、冶金、陶瓷、水利

主　　编：江晓原
责任编辑：于　娟
出版发行：中国盲文出版社
社　　址：北京市西城区太平街甲 6 号
邮政编码：100050
印　　刷：东港股份有限公司
经　　销：新华书店
开　　本：710 × 1000　1/16
字　　数：55 千字
印　　张：8.25
版　　次：2022 年 12 月第 1 版　2022 年 12 月第 1 次印刷
书　　号：ISBN 978-7-5224-1241-2/N · 5
定　　价：25.00 元
销售服务热线：（010）83190520

前 言

关于中国科学技术通史类的普及读物，一直是各出版社很想做又不容易做好的图书品种之一。原因也很明显，一是理想的作者难觅，二是通俗的文本难写。先前有多家出版社希望我来牵头编写一部这样的读物，我一直视为畏途，久久不敢答应。

另一方面，“高大上”的学术文本则是我向来熟悉的。2016年初，我担任总主编的《中国科学技术通史》（五卷本）出版。此书邀请了国内外数十位著名学者参加撰写，作者队伍包括国际科学史与科学哲学联合会时任主席、中国科学院著名院士、中国科学技术史学会两任理事长、英国剑桥李约瑟研究所时任所长、中国科学院自然科学史研究所两任所长等，阵容堪称极度豪华。出版之后，引起多方强烈关注。

牵头编写中国科学技术通史类普及读物，对我来说是一次全新的冒险，但我也能从先前的经验中找到借鉴。

方法之一是“找对作者”。本套书由四男四女八位博士——毛丹、胡晗、潘钺、吕鹏、张楠、李月白、王曙光、靳志佳共同执笔撰写，其中七位是上海交通大学科学史与科学文化研究院当时的在读博士，另一位是这七位博士中一位的先生，妇唱夫随，就和太太一起为本书效劳了，这也是一段小小佳话。其中毛丹博士（如今他和吕鹏都已经成为上海交通大学科学史与科学文化研究院的助理教授）作为工作组的召集人，出力尤多。这八位博士都是我选择的优秀作者，他们出色完成了写作任务。

方法之二是“搞对文本”。我们在和出版社多次沟通、修改之后，确定了文本的知识水准、行文风格等技术要求。从习惯写学术文本到能够写成比较理想的通俗文本，殊非易事，博士们也顺便经历了一番学习过程。

前前后后经过数年努力，参加撰写的博士们

大都毕业了，本书的工作只是他们学术生涯中的小小插曲。现在这套“青少版中国科技通史”即将付梓，毁誉悉听读者矣。

江晓原

于上海交通大学科学史与科学文化研究院

第一章

中国古代建筑

第二章 中国古代的造船与航运

第三章

金属冶铸与陶瓷制作

第四章

中国古代水利工程

第一章

中国古代建筑

建筑是建筑物与构筑物的总称，人类最初的建筑主要是为遮风避雨、防寒祛暑而营造的，只具有实用目的。随着物质技术的发展和社会的进步，建筑才逐渐具有审美的性质，直至发展为以象征权势为主要目的的宫殿建筑，以供观赏为主要目的的园林建筑，以宗教礼拜为主要目的的教堂、神庙等。

中国自古地大物博，建筑历史源远流长。早在七千年前，人们就发明了榫卯（读 sǔn mǎo）结构，在长期的发展过程中，逐渐形成了一套以木结构框架式为主要特征，结合夯土、斗拱、石雕、拱券及砖石工程等建筑特点的传统建筑体系，在民宅、楼阁、陵墓、石窟、宫殿、寺院、古塔、园林、桥梁以及水利工程等建筑中都表现出独特的结构形式和艺术风格，在世界建筑史上独树一帜。

第一节
中国古代建筑有什么特点

1. 古代建筑有什么独特之处

就已发现的遗址而言，中国古代的建筑活动至少可以上溯到七千年以前。新石器时代可考遗址基本可以分为两大传统：以河姆渡遗址为代表的干阑建筑，以西安临潼姜寨遗址为代表的土木混合建筑。

干阑建筑用成组的榫卯与绑扎结合，架空建在沼泽中；土木混合结构的地上建筑，则由地穴、半地穴发展而来，以木骨泥墙为主体，上覆草泥屋顶。

土木结合与院落式布局是中国古代建筑不同于其他建筑体系的特点。夏、商、周的中心地区都在黄河中下游，属于湿陷性黄土地带，为防止地基湿陷，逐渐形成了夯土技术，既可以消除黄土的湿陷性，又可筑高大的台基或墙壁，建造大型建筑。

用夯土筑台基和隔墙，内部全用木构架撑顶，这是中国最基本的建筑技术组合，沿用至今，所以古人称建筑活动为“大兴土木”。

战国之后，诸侯贵族的“高台榭（台榭：中国古代在夯土台上用土墙、木构楼层、木屋架建造的多层土木混合结构建筑。简单地说，就是建在台子上的房屋，成语“层台累榭”“高台厚榭”都是在形容此类建筑），美宫室”成为建筑的主流风格。

秦、汉、三国时期建筑规模和水平达到中国古代的第一个发展高峰。随着木结构建筑技术水平的提高，土木混合的台榭逐渐减少，木构建筑增多，柱梁式、穿斗式、密梁平顶式这三种古代主要的木构架体系也在此时期出现。

延伸阅读

中国土木工匠的“祖师爷”是谁

鲁班（公元前 507—公元前 444），春秋时期鲁国人，姓公输，名般，由于“般”和“班”

同音，古时通用，因此人们常称他为“鲁班”。

鲁班出身于世代为工匠的家庭，很注意对客观事物的观察、研究，致力于创造发明。据《事物绀珠》《物原》《古史考》等许多古籍记载，当时木工常用的工具主要是刀、斧，不仅费时费工，而且工艺粗糙。鲁班决心改变这种状况。

鲁班受到带有齿形边缘的野草划破皮肤的启发，发明了锯子。随后，他又发明了刨子、钻、铲、墨斗和曲尺等木工工具。不仅如此，鲁班一生注重实践，善于动脑，在建筑、机械等方面也作出了很大贡献。他能建造“宫室台榭”，曾制作出攻城用的“云梯”、舟战用的“钩强”，创制了“机关备制”的木马车，还发明了石磨，改进了锁钥等。

作为古代著名的发明家，鲁班凭借他的发明被广为称颂，因为这些创造都为人们提供了很多的便利，让生活变得更加方便，更加节省时间。由于他的杰出成就，他一直被古往今来的中国土木工匠尊为“祖师爷”。鲁班的名字已经成为古代劳动人民智慧的象征。“班门弄斧”这则成语中的班就是指鲁班。在鲁班门前舞弄斧头，比喻在行家面前卖弄本领。

柱梁式

柱梁式结构是在柱上架梁，梁上架檩。在房屋前后檐相对的柱子间横向架梁，梁上又重叠几道依次缩短的小梁，形成三角形屋架。在相邻的屋架之间，各层梁上架檩，上下檩之间再架椽，这样就形成了屋面下凹的两坡屋顶骨架。每两道屋架间的室内空间称作“间”，这是组成木架构房屋的基本单位。

穿斗式

穿斗式结构是随屋顶坡度升高，把沿每间进深方向上的各柱子直接架檩，再用一组被叫作“穿”的横向木枋穿过柱子，使其连接为一体，成为一道屋架。各屋架之间用一种被称为“斗”的纵向木枋联结，构成两坡屋顶骨架。檩上架椽，与柱梁式相同。

密梁平顶式

密梁平顶式在承重外墙和内柱上直接架檩，檩间架椽，构成平面屋顶。檩实际上充当了梁的角色。

柱梁式和穿斗式是用于坡形屋顶房屋的全木架构。其中，柱梁式使用最广，历代官式建筑均为柱梁式，民间柱梁式房屋流行于华中、华北（内蒙古除外）、西北（新疆除外）和东北地区。穿斗式流行于华东、华南和西南（西藏除外）地区，但这些地区的大型寺庙、道观和其他重要建筑大多仍使用柱梁式结构。密梁平顶式是土木混合结构，主要流行于内蒙古、新疆与西藏等地。

翼角与斗拱

木架构房屋外观可以分为上、中、下三段，分别为屋顶、屋身和台基。因需要防潮防雨，下部设台基，而上部是可遮住屋身、防止雨淋的有檐屋顶。屋面凹曲，房顶屋角上翘，便于采光和屋面排水。而在汉代时，椽子和角梁下面取平，屋檐平直。南北朝开始出现用三角形木垫托抬起椽子，使屋角翘起的做法，至唐代成为通用做法，后世更设法加大翘起的程度，这就形成了中国古代重要建筑在屋顶外观上的一个显著特征，被称为“翼角”。

宫殿、大型寺庙和道观等古代重要建筑的另外一个特征，是使用“斗拱”。在西周初期，较大的木架构建筑已经在柱头承檩处垫上木块，以增大接触面；同时从檐柱柱身向外挑出悬臂梁，两端也用木块、木枋垫高，挑出较多的屋檐，保护台基和屋身不受雨淋。用来垫托的木块和木枋以及挑出的悬臂梁，经过技术加工，成为中国古代建筑中最为特殊的部分——“斗”和“拱”的雏形，组合到一起就是“斗拱”。

到唐宋时，斗拱发展到高峰，从简单的垫托和挑檐，发展成与横向梁和纵向柱穿插交织，形成柱网之上的一圈井字格形复合梁。它的功能是向外挑檐，向内承顶，保持柱网的稳定，是大型建筑结构中不可缺少的部分。元明清时，随着房屋柱网本身的整体性加强，斗拱不再起结构作用，逐渐成为一种显示等级的装饰物或垫层。斗拱在中国古代木架构中使用了2000年以上，从简单的垫托到重要结构部分，再到装饰建筑，标志着木架构从简单到复杂再到简单的演化过程。

雕刻与彩画

木架构建筑的装饰，往往依据它构件的原有形状、位置进行艺术加工。比如，柱子可加工为八角柱，在柱上进行雕刻；改变斗拱的原形，直梁加工为月梁，增强翼角的艺术效果，使之成为兼具装饰功能的结构。

在木构件表面涂上油漆，既可以防腐，又可绘制装饰图案，称为“彩画”。宋代之后的彩画图案有很大一部分来自锦纹的纹样。明清时，北方宫殿、寺庙盛行在柱子及门窗上涂朱红等暖色，在檐下阴影内的构件（如斗拱）上涂青绿等冷色，并绘制各种图案。建筑彩画在用色上的主要手法有退晕、对晕和间色。退晕指把同一颜色按深度不同的色带进行排列；对晕是把两组退晕的色带合并，制造一个中心带，使色度变化的同时还具有一定的立体感；间色是两种颜色交替使用，比如相邻两攒斗拱，一为绿斗蓝拱，一为蓝斗绿拱，只用二色就能得到绚丽的视觉效果。

房间、房屋与院落

间是古代建筑的最小单位，若干间形成一座房屋，几座房屋沿地基周边布置，围合成庭院。庭院大都取南北向，主建筑在中轴线上，面南为正房；正房前方东西两侧为东西厢房；南面又建向北的南房，围成四合院布局。院落的规模随正房、厢房数量而改变，大型建筑群沿南北轴线串联若干院落，每个院落称一“进”，或者在主院落两侧再建，形成并行的两三条轴线。古代建筑，小至一院的住宅，大至宫殿寺庙，都是由院落组成的。

巷、街与坊、市

并联的若干院落组成一条巷，若干巷并行排列又组成一个小街区，若干小街区又可组成一个矩形的大街区或者一个坊，坊和大街区纵横排列，形成棋盘格形的街道网。此方格网街道系统以宫殿、衙署、钟鼓楼等公共建筑为中心，组成一座城市。古代大中城市大多是“城中城”的形式，有宫殿的称宫城，建官署的称衙城或子城，居民区则由若干封闭的“坊”（又称“里”）构成，实行宵禁，城内商业集中设置在定时开放的封闭“市”中。这种把居民区和商业区都放在封闭的小城，也就是坊和市中加以控制的城市，封闭且带有军事管制性质，后世称其为“市里制”城市。

北宋之后，随着城市经济、商业、手工业的繁荣，坊间墙才逐渐被拆除，允许沿街道建商铺，居住区内的街巷也开始直通干道，这就是“街巷制”城市。元、明时，城市中心地区开始建设钟楼、鼓楼等报时建筑，成为类似于现代中心广场的城市活动中心。除了中原地区轮廓规整的城市规划之外，在山区、水乡的很多城市则因地制宜，灵活布局。

2. 古代都城怎么选址、布局

秦统一全国之后，定都咸阳，拟将它扩建为夹渭河两岸以桥相连的都城，还没有完成，秦就灭亡了。西汉在渭河南岸建立首都长安城，面积 36 平方千米，四面建城门 12 座，城内纵街 8

条，包括 9 个市和 160 个居民区——闾里，是中国最早的封闭式“市里制”都城。西汉帝陵建在渭河以北的高地上，每陵附有一座小城，称陵邑，共 7 座，均为“闾里制”小城，迁各地富豪和先朝旧臣进入居住，既减轻了长安城的人口压力，也发展了都城周边的经济，近似于现在的卫星城。

公元 25 年，东汉建立，定都洛阳，长安城被毁，土木混合结构的台榭逐渐减少，木构建筑增多。三国时期的魏、蜀、吴 3 个政权，延续和发展了东汉的建筑风格。其中，在城市规划方面比较突出的是曹魏都城邺城。邺城的规模远小于洛阳，但却是中国历史上第一座轮廓方整、分区明确、具有明显中轴线的都城。邺城宫室在城北，官署集中在宫城前南北大街两侧，宫西建贮存武器和屯兵的铜雀三台，靠城门建设军营。

夏朝、商朝、西周、东周、东汉、曹魏等 13 个王朝曾在洛阳建都。东晋、南朝均以建康为都城，西近长江，南临秦淮河，水运发达，商业繁荣，在四周突破了里坊制，连成彼此间直线距离近20千米的巨大城市群，成为全国经济最发达的地域。隋代都城由宇文恺（宇安乐，555—612，出身于鲜卑武将世家，官至工部尚书。宇文恺是隋代城市规划和建筑工程的专家，设计并组织建设了都城大兴城与东都洛阳城，以及隋长城、仁寿宫、广通渠等其他隋代工程）设计并组织修建。582年，隋建新都大兴，是中国历史上最大的封闭市里制城市，也是当时世界上所建最大的城市，总面积84平方千米，划分为内外二城、108坊和2市。602年，宇文恺又主持新建了东都洛阳。唐代将大兴改称长安，之后修建了大明宫、兴庆宫两所宫殿及大量的寺庙和道观。

宋代首都汴梁（今河南开封），拆除坊间墙，临街设店，彻底由封闭的市里制城市转变为开放的街巷制城市。北宋加强了建筑管理制度，编订了用来验收工程的官方建筑法规——《营造法式》，这是中国现存最早的建筑法规和正式的建筑图样。此外，自晚唐至北宋的200年中，室内家具也由低矮的床榻、几案转变为垂足而坐的椅子和高桌。北宋亡于金后，在淮河以南建立南宋，定都临安（今浙江杭州），建筑属于江南园林风格，小而精美。

元代都城大都（今北京），城内中轴线前部建皇城和宫城，商业中心钟鼓楼街在宫北，城东、城南、城西三面三门，北面两门，居住区为东西向横巷，称为“胡同”。元大都的规划以宫城和御苑为面积模数（模数制是中国古代建筑的一种重要规划设计方法。《营造法式》将建筑所用标准木枋称为“材”，将它们分为若干等级，以材高的1/15为“分”，材高就是模数，“分”就是分模数。建造房屋时，只要确定了建筑的性质、间数，按照相应规定中“材”的等级和“分”的数目进行建造，就能建成比例适当、构件尺寸基本合理的房屋），城宽为面积模数的9倍，城深为面积模数的5倍，比附“九五之尊”。元大都宫廷中只有极少数房屋是蒙古风格，绝大部分宫殿、官署等官方建筑继承北宋的传统。此外，元代疆域广大，域外风格特别是中亚建筑式样的传入，也对建筑形式产生了一定影响。

明代先定都南京，永乐年间迁都至北京，江

浙建筑风格北传，成为明代官方建筑形式的基础。1421年，明新都北京在元大都基础上稍南移，取南北轴线，穿过皇城、宫城主殿、正门，出皇城北墙，到钟鼓楼为止。城中最高、最大的建筑均安排在轴线之上，就像全城的脊椎一样。衙署在皇城前，太庙、社稷坛在宫城前左右分列，其余空间布置住宅、寺庙和仓库。

明代之后，随着地方经济的发展，地方建筑特色愈益鲜明。现存安徽徽州和山西襄汾的明代住宅群，既有共同的风格特征，又清楚表现出南方秀美和北方浑厚的地域差异。此外，明中后期园林建造风行，为清代江南造园高峰打下了基础。

清军入关后，定都北京，沿用明朝都城宫室，没有做大的改变。清代在建筑发展中有两个特点：一是提高了建筑的标准化程度，同时缩短了建筑工期，并保证了建筑群组的统一协调；另外一个突出的成就是园林建造，北京西郊的三山五园与承德避暑山庄，吸收江南园林的精粹，同时以苏州园林为代表的南北私家园林也蔚为大观，共同体现了古代造园艺术的最高水平。

3. 佛教对中国建筑有什么影响

北魏因佛教的传入而大量修建佛塔，完成了天竺式寺塔与中国宫殿化寺塔的融合过程。中国的寺塔建筑与传统木构楼阁结合在一起，以中国文化来表现佛教建筑的庄严壮丽。史书记载的北魏洛阳永宁寺塔，建于公元 516 年，有 9 层，高 120 多米，可能是历史上最高的木塔。保留至今的北魏寺塔是河南登封嵩岳寺塔，塔有 15 层，高 38 米，轮廓像抛物线，曲线优美，用泥浆砌成，体现了很高的技术水平和艺术水准。

唐代砖塔有单层的也有多层的，分为楼阁式与密檐式。西安大雁塔是楼阁式的代表，而小雁塔则是密檐式。唐代外交频繁，大量域外文化被吸收或融入中国文化之中，源于印度的天竺式寺塔在唐代完成了与中国文化的融合就是典型范例。

10—12 世纪，契丹在中国北方建立辽国，与北宋南北对峙。辽国南下进入中原后，吸收了大量北方文士与工匠，建筑风格可以说是唐代时期北方建筑的延续和发展。辽代最著名的建筑是1056年修建的应县木塔（全名应县佛宫寺释迦塔，位于今山西省朔州市应县）。

元代疆域广阔，中亚建筑风格的传入，西藏、新疆与中原地区的密切交流，使得元代寺塔建筑风格各异。山西洪洞广胜寺大殿是典型的北方圆木梁建筑，构架灵活自由；上海真如寺大殿则继承了南宋建筑传统，架构严谨，加工精确，风格秀雅；而大都万安寺塔（今北京妙应寺白塔）是典型的西藏式喇嘛塔；杭州凤凰寺与泉州清净寺则是阿拉伯建筑式样。

第二节
中国古代建筑怎样反映礼制法度

中国古代建筑以木构为主，院落式布局的特点与中国社会的礼制及风俗习惯密切结合。而在建筑上反映礼制法度，早在《左传》《周礼》等先秦典籍中就有所记载，特别是之后历代正史中近于法规的《营缮令》，表明建筑等级制度最迟在周代就已经产生，对都城、地方城市、宫室、寺庙、陵墓、官署、宅邸、民居等都定出级差限制，不能逾越。

唐代至清代的建筑体制规定，在房屋规模上，面阔九间的房屋是皇帝专用，七间或八间的只能王爷及以上官位使用，贵族、显宦用五间，小官及百姓最多只能用三间。屋顶形式上，庑殿顶是皇宫主殿及佛殿专用，歇山顶在唐代王府、贵官、寺庙和道观可用，宋代以后只限王府、寺庙和道观使用，公侯官宦下至百姓，只能使用两坡的悬山顶或硬山顶。在彩画颜色方面，朱红色只有皇宫、寺庙、道观、贵邸可用，一般官员使用土红色，百姓只能用黑色。作为中国古代木构建筑特征的翼角和斗拱，只限于皇宫、寺庙、道观和王府使用。在种种的建筑礼制规定之下，房屋主人的身份一望可知。

除了维护现有社会等级架构之外，礼制规定对建筑本身的发展还有正反两方面的影响：一方面，城市和建筑群按统一规制有序发展，便于达到整体上的和谐，能够做到按需建筑，防止建设过度；另一方面，则造成建筑体系和形制的相对停滞，限制了建筑的合理发展及新技术的使用。

与欧洲建筑理念明显不同的一点是，中国古人相信“德运转移”的观念，认为“自古及今，无不亡之国”，所以，中国的建筑，特别是大型重要建筑，都要求工期不能太长。中国历史上从未出现过欧洲那种耗时数十年甚至百年以上建造一座宫殿或教堂的情况，也正因如此，易建、易拆、易改的土木混合建筑以及木结构房屋成为中国古代建筑的主流形式。即便明代便已具有建造大型砖构建筑的能力，中国依然保持木构的建筑传统，这就是社会文化因素对中国古代建筑技术发展的制约和影响。

（本章执笔：张楠博士）

中外科学技术对照大事年表

（远古到 1911 年）

建 筑

约公元前 9400 年

约旦河西岸的杰里科（Jericho，另译耶利哥）建造围墙和塔楼

约公元前 5000 年

河姆渡建造架空地板上的干阑建筑

约公元前 2700 年

苏美尔人绘制最古老的城市地图

967 年

铸造广州光孝寺双铁塔

971 年

铸造河北正定铜铸 22.5 米观音立像

984 年

独乐寺重建。独乐寺相传始建于唐代贞观十年（636 年），后在辽代统和二年（984 年）重建

1056 年

应县木塔建成

英格兰南部造巨石阵

约公元前 2000 年

公元前 15—公元前 11 世纪

木架构承重、斗拱承托、院落布局等中式建筑特点形成

516 年

洛阳永宁寺塔建成，高 120 多米

582 年

隋建总面积 84 平方千米的大兴城，是中国历史上最大的封闭市里制城市

605 年

赵州桥建成

1183 年

南宋与日本铸师共铸奈良大佛

第二章
中国古代的造船与航运

人们似乎存在一种偏见，认为中华文明基本是农耕经济的产物，与海洋文化无关，因此会把进取、冒险的海洋文化说成西方文明的标志。但大量的历史文献和出土文物无可辩驳地证明，古代中国人不仅习于航海，而且善于航海。中国不但是一个国土广袤的大陆国家，还是一个具有漫长海岸线和辽阔海域的沿海国家。在很长的历史时期内，中国的造船和航运技术一直在世界上处于领先地位，并对世界造船和航运史产生了深远的影响。

第一节
中国古代的船舶制造技术

1. 中国最早的船是什么样的

抱着空心葫芦渡河的方法，可能在1万年之前就被先民使用了。葫芦作为原始的渡水工具，轻便而且浮力较大，是一种天然的游泳工具。云南哀牢山下的彝族人，至今仍保留着使用“腰舟”的习惯，捕鱼或过河时在腰部拴几个葫芦。而在黄河、长江的上游地区，人们也会使用以牲畜皮革制成的浮具，这被称为浮囊或者皮囊，这种浮具是将皮革加工成留有一个充气孔的气囊。

将多根木材并拢用绳子系连起来，就发展成了“筏”。用木材制成的是木筏，用竹子制成的是竹筏，将皮囊编扎在一起的就是皮筏。无论是葫芦、浮囊还是各种筏，都只是浮具，不能称作船。直到独木舟的问世，才算是出现了第一种船。《山海经》中说番禺做舟，《易经》中说是黄帝、尧、舜挖空木头做舟，切削木头做桨。而实际上，目前我们普遍认为独木舟是新石器时代的产物，比传说中的黄帝时代还要早很多。在河姆渡新石器文化遗址的发掘中，出土了6支做工精细的木桨。考古学家认为，有舟未必有桨，而有桨却必定有舟，因此推定独木舟在长江中下游和滨海地区形成于8000年前或更早。2002年浙江杭州萧山跨湖桥新石器文化遗址出土的8000年前的独木舟，就证实了上述结论。独木舟的出土，证明了中国沿海一带的先民在与海洋接触并且充分利用海洋的同时，也在创造属于自己的海洋文化。

2. 春秋战国造船技术为什么发展快

独木舟并不能满足航运需求，水中稳定性不佳，载重有限，而且制作要受到原株树木大小的制约。1975年，在江苏万绥镇蒋家巷通往长江的古河道上，人们发现了一艘造型奇特的古船。与独木舟相比，古船虽然不是典型的木板船，但却用木榫榫接的方式连接了船舷和船底，这提供了独木舟向木板船过渡的实例。

对中国木板船出现时间的推断，我们不妨从殷商时期甲骨文中“舟”字及相关文字入手分析。与“舟”相关的字有许多不同的式样，从“舟”字本身来看，它所表征的舟是由纵向和横向构件组合而成的。根据记载，在商朝最后一个君王纣王被周武王击败的决定性战役中，周军在孟津（今河南洛阳市北）渡黄河时，用47艘船往返抢渡数万甲兵和数百战车，说明商朝末年已经存在较大型的船舶了。

《诗经》中有一首诗描述了周文王迎娶王后时“造舟为梁”的场景（《诗经·大雅·大明》：“文王嘉止，大邦有子。大邦有子，伣天之妹。文定厥祥，亲迎于渭。造舟为梁，不显其光。”），也就是用舟船搭成浮桥。周朝还制定了按官阶和身份等级乘船的制度，并专设了一个主管舟船的官职，叫作“舟牧”，职责相当于今天船舶检验机构的验船师。

春秋时期，舟船根据不同的运输要求进行分

化。民间有以速度快为主的轻舟、扁舟；官方运粮食的船就是“漕船”，而“漕”字原来就是“水运”的意思，后来演变为水运粮食的专用词。历史上通常把春秋时期秦国通过黄河赈济晋国粮食的“泛舟之役”看作漕运的开始。同时，春秋时期诸侯国之间的战争激烈而频繁，中原征战用车，江南水战则用舟船。战争的需要推动了造船技术的发展。

吴楚之间、吴越之间水战频繁，《吴越春秋》（一部记述春秋时期吴、越两国历史的史学著作，作者是东汉赵晔）中记载的吴国战船，大翼长27.6米，宽3.68米，可载91人，另有两种规格不同的战船：中翼和小翼。传世的宴乐水陆攻战纹铜壶上的船纹图案，生动而翔实地反映了战国早期的船舶发展情况。浙江嘉兴船文化博物馆展览着大翼战船的复原模型。

3. 中国造船史上第一次高峰出现在什么时候

风帆是船舶的推进工具，与桨、篙和橹一样，都可笼统地看作船舶推进器，不同的是风帆以自然风为动力，不受人力的局限，使船舶的航速、航区大为扩展，为船舶的大型化和远洋航行开辟了广阔的前景。不夸张地说，风帆的出现是船舶发展史上重要的里程碑。

过去有很多学者考证，从文献和文物两方面求索，似可以推测在战国时期中国就出现了风帆，但迄今为止，尚无出土文物明确支持这种推断（最新的研究观点认为，风帆和海船的出现是受到了西方影响，详见本系列第五册第三章）。

在秦汉时期出现了中国造船史上第一个高峰。《史记》有载，公元前215年，秦始皇派将军蒙恬统兵30万取河南，而物资补给方式则是以山东黄县、牟平为基地，通过海船渡渤海向军队运粮。历史学家将这次渤海运粮定为中国海上漕运的开始。

汉代造船的一股热潮就是建造楼船，也就是具有多层房间的船舶，主要用途依然是作战。甲板之下为船舱，供棹卒划桨之用；甲板上船舷边设半身高防护墙，甲板上战卒手持刀剑；墙内设置第二层建筑“庐”，庐上战卒手持长矛；庐上再设“飞庐”，弓弩手藏于此。汉代楼船军的战船可达 1000 艘，《后汉书》记载，东汉建武十八年（42 年），伏波将军马援南征交趾，楼船大小 2000 余艘，战士 2 万余人。

1949 年之后，考古学家相继在湖南长沙、广东广州、湖北江陵的古墓葬中发掘出了汉代的木制及陶制的船舶模型。汉代船舶上装有何物，是伴随船舶技术进步而逐步发展的。桨、篙、橹是推进工具，桅是用来张挂旗帜、灯具等信号或照明用具的，将牵索系于桅顶则可以引船前进。如果有帆，会挂在桅上，也就成了船的推进工具。碇是古代的泊船工具，用绳索将一块便于捆扎的石头捆起来，这种构造至汉代有了长足的进步，出现了木石结合的碇，带有两爪。橹是汉代发明的中国特有的推进船舶，是控制方向的工具。舵是操纵和控制船舶航向的工具，最晚出现在汉代。

风帆出现所带来的中国造船业的高峰，产生了中国造船史上非常重要的三个重大发明，分别是船尾舵、水密舱壁以及橹，这对世界造船和航运都产生了重要的影响。

4. 中国古代造船技术有哪些重大发明

三国赤壁之战中，周瑜用 10 艘斗舰对曹军的方连船舰进行火攻。其中的斗舰就是东汉时出现的新型战舰，1987 年中国人民革命军事博物馆邀请造船史专家完成了对斗舰的一种复原。复原的斗舰模型总长 37.4 米，宽 9 米，船深 3 米，吃水 1.8—2 米，上设战棚、舵楼和指挥台，全舰两桅两帆 30 桨。复原模型陈列于北京中国人民革命军事博物馆。澳门海事博物馆对斗舰也进行了相应的复原工作。

车轮舟也称桨轮船，是中国古代造船技术中的一项重大发明，早在 417 年就已出现。东晋义熙十三年（417 年），大将刘裕的部将沿黄河乘桨轮船溯渭水而进，这是在世界上首次出现有关桨轮船的文字记录。桨轮船用轮桨作为推进工具，所谓“轮桨”，就是将桨的叶片装在轮子的周边，这就可以使原本桨的直线、间歇、往复运动，变为圆周、连续、旋转运动。连续旋转的轮桨不断划水，不仅可以连续推进，而且用脚踏转轴相对于用手划桨较为省力。桨轮船的出现提高了船的机动性，对战船来说尤为重要，也是古代船舶人力推进技术的最高水平。自晋代到南北朝，再到唐代和宋代，车轮舟未曾停止使用。在宋代，甚至将车轮战船列入水军的编制。

晋代画家顾恺之作《洛神赋图》，其中描绘了洛神乘双体游舫游湖的生动场面，成为 4 世纪中国双体船形象的珍贵资料。该游舫采用双船连舫，有着良好的船舶稳性。双体游舫靠撑篙推进，尾部装有操纵桨，也叫"艄"。游舫在甲板上设有暖阁，上层则设有遮阳的凉棚，设计合理，造型典雅美观。

5. 隋唐时代造船有哪些成就

隋代延续时间虽然只有短短的 30 多年，但是在开凿运河、造船以及发展海上交通方面却很有建树。隋文帝杨坚在统一全国的战争中，命行军元帅杨素于永安（今重庆奉节）大造船舰，训练水师，其中主力战船为五牙舰。五牙舰实际上是一种大型的桅杆状武器，楼高 5 层，复原尺度长 54.6 米，宽 15 米，深 4 米，设计有 6 支拍竿，拍竿上方装有巨石，下方设置轱辘，迎战时操纵拍竿打击对方。1988 年，中国造船史学术团队为北京中国人民革命军事博物馆做五牙舰的复原研究，绘制了复原图纸。

唐代诗人皮日休作七言绝句《汴河怀古》，对隋代人工运河的修建进行了功过评述："尽道隋亡为此河，至今千里赖通波。若无水殿龙舟事，共禹论功不较多。"这首诗从隋由于大运河而灭亡这种论调说起，人人都说修造运河导致隋朝灭亡，可是到今天南北通行还要依赖此河。如果没有打造龙舟纵情享乐之事，隋炀帝在航运方面也算是取得了非常大的功绩。

隋代兴建的人工运河包括广通渠、江南运河、永济渠等，从文帝杨坚时开始，到炀帝杨广时完成。杨广 3 次巡游江都，乘坐的是龙舟船队，后来北宋张择端绘《金明池争标图》，呈现了这类帝王龙舟的形貌，宋代孟元老在《东京梦华录》中也有相应的文字描述。隋代皇帝乘坐的龙舟船身狭长，船底加了有桌面大小，如钱币样式的铸铁块压载，以解决这类长舟的稳性问题。

唐代社会经济繁荣，内河航运以汴渠（通济渠）和长江干支流为主要航道。由蜀中沿江下扬州，或由交州、广州经湘江、赣水进长江到达扬州，再经汴渠进入黄河，走渭河至长安，形成了以扬州为中心、可通江海的水运网络。内河航运发达的唐代，在黄河上有“上门填阙船”，这种船结实坚固，适用于水流湍急、礁多滩险的航道。在黄河与长江之间有适用于汴水的“歇艎支江船”，船体较宽平，便于装卸，适合江面开阔、水流稳定的航道。航行于长江的则有大型船舶“俞大娘航船”，这是一种以船为家的大船，生死嫁娶都在船上，实载量可达八九千石的规模。

1973 年 6 月，考古学家在江苏如皋地区发现了一只唐代木船，船身残长 17.32 米，复原后长约 18 米，宽 2.58 米，船深 1.6 米。船体细长，用 3 段木料榫合而成。这是一艘航行于苏北地区水网上的货船，估算排水量为 33—35 吨。此船采用水密舱壁，共分9舱，既保证了全船的安全性（一舱破损不至于波及邻舱），又由多舱壁支撑船底、船舷和甲板，提高了全船的整体刚性和强度。此外，除船底部使用整木榫接外，两舷和船隔舱板以及船篷盖板均用铁钉钉成，重叠钉合成“人字缝”，在技术上具有时代的先进性。最后在铁钉钉成的人字缝中，填充石灰、桐油和麻丝或旧麻制品制成防水物，使其严密坚固，这就是捻缝密封技术。

唐代不仅发展了各种运输船舶，还在战舰上进行了继承和改造，拥有多种战舰组成的混合舰队进行水上作战。唐代曾任河东节度使、幽州刺史、本州防卫使的李筌，撰有《太白阴经》10卷，其中“水战具”篇介绍了楼船、艨艟、战舰、走舸、游艇、海鹘等多种战船。晋代出现的车轮舟，在唐代水战中也得到了实际应用。

6.《清明上河图》描绘了怎样的航运场景

在宋代统治的300多年间，通往西域的陆路基本是不通的，因此，宋朝与外部世界的交流极大地依赖海上交通，这使宋代造船技术和航运事业有了长足进步。为了方便对商贸事务和往来船舶的管理，宋朝政府的一大举措就是在主要通商港口，比如广州、杭州、明州（今浙江宁波）、泉州、密州板桥镇（今山东胶州）、秀州华亭县（今上海松江）、秀州澉浦（今浙江海盐）、温州、江阴等地，设立市舶司、市舶务或市舶场等机构。宋代的造船工场遍布内陆各州和沿海各主要港埠地区，分官营和民营两类。其中为江防、海防打造战船的任务由官营造船工场承担；漕运船、客舟的制造，民营工场可承接部分任务。

北宋徽宗时期由宫廷画师张择端所绘制的《清明上河图》，是一幅描绘北宋都城汴梁社会生活的鸿幅巨制。这幅长卷中画有各种视角的船舶24艘，其中客船11艘，货船13艘。客船在构造、形态上与货船的重大区别，反映了当时汴河的货运和客运情况是各具规模的，也表现出汴河两岸经济生活的繁荣和当时造船业的发展。

《清明上河图》中绘制的汴河客船，客舱两

舷装有较大的窗子，通风便利，采光充足。风雨到来之时，可用木板将窗口关闭，这时顶棚的两列气窗既可采光又可通风。货船则用木板钉成的拱棚代替甲板，通过开向两舷的货舱口装卸货物。汴河客船所用的舵是相当先进的，舵叶的一部分在舵杆（舵的转轴）之前，这说明中国早在12世纪初就开始使用平衡舵。平衡舵较为轻便，既可以减轻舵工的劳动强度，又可以改善船的操纵灵活性。船头有起航用的绞车，在岸边停靠时用缆索拴在岸上的木桩上，而不必用锚。

7. 古代造船业为什么在明清时期走向衰落

明王朝建立之初，以金陵（今江苏南京）为首都，金陵不仅是明朝的统治中心，也是漕粮的消费中心。运往南京的漕粮，主要通过江运与河运。明初迁都北京后，也曾经由海道运送漕粮。永乐九年（1411年），明朝重开大运河，漕运专由河运承担，此时行驶在运河线上的漕船成千上万。明成祖朱棣通过远洋船队，把中国与海外各国间的交往推进到一个繁盛的新阶段，中国古代造船巅峰由此产生。

这个高峰期也有一个特殊的标志，就是出现了许多涉及船厂、船舶的著作，比如《天工开物》《南船纪》《龙江船厂志》《漕船志》《筹海图编》《武备志》《船政》等。这些书图文并茂，对船舶的技术和制造有着非常细致的记载，特别是对中国古代传统船舶的主要结构类型形成了清晰的条理，按照基本结构大致可分为三类：沙船、福船和广船。

沙船是一种古老的船型，船身宽、大、扁，底平，身浅，重心低，上层建筑较少，所以受风阻力小，航行平稳，适宜在长江口以北的海面行驶。沙船采用多桅多帆，风帆高扬，航行迅疾。

福船是福建、浙江沿海一带尖底海船的统称。福船的外形特点是首尖尾宽，两头上翘，船上有宽平的甲板、连续的舱口，设有多根桅杆。记载中提到的“开浪船”和“鸟船”，头尖如鸟，其实都是从福船派生的船型。戚继光抗倭所用的战船，就是福船。

广船就是广东地区的民船，由于明代东南沿

海抗倭的需要，将东莞的“乌艚”、新会的“横江”两种大船改造成战船，统称“广船”。广船的特点是帆形如张开的折扇，尾部有较长的虚梢（假尾），在中线面处设置深过龙骨的插板，来抵抗横漂和减缓摇摆，在舵叶上开若干菱形孔，制成开孔舵，提高操舵的便捷性。

清朝立国之后，于顺治十二年（1655 年）再次下达禁海令。顺治十八年（1661 年），郑成功收复台湾之后，清廷又颁布更加强硬的“迁海令”，强制闽、粤、江、浙沿海居民内迁 15 千米，越界者立斩。顺治时期严酷的海禁政策，对国内的海商及造船业造成了致命的打击。清朝在康熙二十四年（1685 年）正式废除“迁海令”，颁布了“展海令”，允许国人外出经商。

乾隆皇帝在位时期，多次下江南进行巡视。他乘坐的御船被称作“安福舻”，当时的宫廷画师徐扬绘制了“安福舻”的图样，现收藏于北京故宫博物院。

18 世纪 60 年代，英国率先进行了工业革命，欧洲的造船业进步飞快，特别是西方夹板船的东航，使中国传统帆船在东南亚的海上贸易中遭到严重的挑战。夹板船的特点是水线以下船板用铜皮包覆，防止被海水腐蚀。19 世纪初，美国造出了快速帆船，外形有点像飞箭，所以又称“飞箭式帆船”，航速非常快。同时西方的战船采用了先进的航海技术，并且装备了舰炮等重型武器。明清两朝 400 年的海禁政策给中国的造船业造成了无可挽回的影响，使得中国帆船完全失去了和西洋船舶竞争的能力。

两次鸦片战争之后，外国船只的航行权从东南沿海扩大到东北沿海，并延伸到长江各口岸，近代外资轮船修造业应运而生。中国提出“师夷长技以制夷”的策略，“洋务运动”由此而来，中国近代造船业开始发展。江南制造总局、福州船政局、天津机器局、广东军装机器局、大连修造船工场及黄埔船坞、旅顺船坞、大沽船坞等造船机构，为中国造船业的近代化奠定了基础。

中华人民共和国成立之后，中国造船业进展迅速，形成了具有自主科研、设计、配套、总装能力的船舶工业体系，并获得国际航运界的好评。同时，中国海军舰队装备了核潜艇、导弹驱逐舰、航空母舰等多种军舰，结束了中国有海无防的历史。目前，中国已经跻身世界造船大国之行列。

第二节
远洋与海禁：中国古代的海上交流

1. 海上丝绸之路是如何开启的

秦始皇为求长生不老之药，授命徐福入海探访蓬莱仙境，最后徐福东渡日本，这大概是关于中国人官方渡海的最早传说。虽然没有正史记载，但相传今天日本新宫市一带的海滩——熊野滩，就是徐福的登陆处，徐福后来还定居于新宫市。为了纪念徐福，日本和歌山县新宫市建了一个徐福公园，里面还有一座徐福雕像。

汉代开通了由中国通向印度、从太平洋进入印度洋的海上丝绸之路，海外物产不断进入中国，开启了中外经济文化的交流局面。

东晋时期，中国与东南亚各国的海上交通有了很大进步。东晋末年的佛教徒法显西行求法，乘船归国。法显一行于 399 年 3 月从长安出发，经河西走廊到达今天的新疆地区，转而南下，由印度河流域进入恒河流域，在天竺（今印度境内）旅行、定居并学习佛法。10年之后，法显航海东归，从天竺先到狮子国（今斯里兰卡），后继续航海回国，历时1年到达胶州湾口的牢山（今山东青岛崂山），413年回到东晋的首都建康。

唐代经济繁荣，文化发达，国力强盛。与大唐相对应的，是西亚、北非地区一个同样强大的国家——阿拉伯帝国。两国之间的经济文化交往密切，极大地促进了唐代海上交通的发展。与汉代时相比，唐代的海上丝绸之路替代了之前的陆上丝绸之路，成为当时对外交流的主要方式。诗人刘禹锡描述的“映日帆多宝舶来”，形象地描述了唐代海上贸易的繁荣景象。

唐代海上交通的基础路线有三条，分别是“广州通海夷道”，也就是海上丝绸之路，“登州海行入高丽、渤海道”以及到日本的航线“大洋道”。广州是唐代的海外贸易中心，“广州通海夷道”指的是由广州起航，经南洋、印度洋到达波斯湾各国的航线，被看作当时世界上最长的远洋航线。通过这条航线，中国向外输出丝绸、茶叶、瓷器等商品，带回的异域商品主要是香料、海外花草及奇珍异宝。

“登州海行入高丽、渤海道”，是唐朝在登州北部与朝鲜半岛的高丽、百济、新罗三国，以及日本和渤海国的主要交往通道。这条海道不仅是外交和贸易的航线，而且是一条军事通道。唐朝曾多次出兵朝鲜半岛，帮助其结束战乱。

“大洋道”是从中国到日本最近的航道，从明州（今浙江宁波）出发，横渡东海，直达日本九州西海岸外的五岛列岛。从日本到中国通常从北九州的博多扬帆，先到五岛，等到顺风时可以一气横渡东海到达明州或扬州。大洋道是中日间最便捷的航线，日本遣唐使在后期也多次利用这条线路。在9世纪时，来往于中日之间的海船基本都是唐船。日本遣唐使船虽然在日本制造，但其制造者和驾驶者大多是唐代中国人。

到了宋代，中国出现了航行在海上的客船和客船队，被称为神舟和客舟。为提高航海性能和航海安全，宋人采取了很多措施。比如，在两舷缚两捆大竹以增加船在风浪中的稳定性与安全性；船舶在风浪中做横向和纵向摇摆时，利用游碇减缓摇摆，增加稳定性与安全性；在深浅不同的水道中航行时，使用不同的舵等。此外，宋代时中国开始使用指南针进行导航，指南针由盘中央的水浮针与环形的方位盘组成。

2. 郑和下西洋创造了怎样的奇迹

元代不仅在陆地上开疆扩土，同时还出兵海外，进行海上扩张，先后几次渡海作战都由于指挥失误败师而归，并导致元代水军一蹶不振。尽管如此，元代的海上漕运水平依然突破了以往任何一个朝代，最高年运量达到350余万担（读dàn，古代重量单位，100市斤为1担）。

明代的航海事业出现大反转。明太祖朱元璋开中国海禁之先河，而明成祖朱棣却通过郑和下西洋（古代元明时，中国人将今南海以西的海洋及沿岸各地，远至印度及非洲东岸，概称为西洋），将中国的远洋航海事业推进到一个繁盛的新阶段。从永乐三年（1405年）到宣德八年（1433

年），郑和率领由200余艘远洋海船和2.7万余名官兵组成的船队先后七次下西洋，共访问了亚、非30多个国家和地区。郑和船队可以说是15世纪世界上最大的远洋船队。从传世的《郑和航海图》可以了解郑和下西洋的远洋航线，以郑和宝船为代表的船队，船形巨大，设备完善，航海组织严密有序。

郑和船队中的大型海船被统称为“宝船”，意思是“运宝之船”。研究者根据记载中的宝船数据，换算明代尺寸，复原的郑和宝船总长度为140.74米，宽57米，总排水量在2万吨以上。对于宝船的尺寸，质疑声很多，但龙江宝船厂的考古发掘结果有效地驳斥了这些质疑。

地处南京的龙江宝船厂是中国目前发现的保存最为完整的中国古代造船厂。为了满足下西洋的需要，龙江宝船厂发展成明代最大的造船厂，也是郑和下西洋最大的造船基地。20世纪50年代后期，在南京龙江宝船厂发掘出一根长11.7米的舵杆，据此测算出宝船的长度应该在133米左右，它很可能是见证当年郑和宝船体量的物证之一。从宝船厂现存船坞的大小推算，明朝要造大型宝船是完全可能的。

3. 海禁政策对中国航海有什么影响

遗憾的是，在永乐皇帝驾崩后，郑和在宣德六年（1431 年）进行了第七次也是最后一次下西洋后，明朝又回到了禁海、闭关的时期，中国的船舶技术和航运事业便从巅峰跌落下来。

清朝初期延续了明朝的海禁政策，甚至更为严苛，直到康熙时期。康熙、雍正、乾隆三代君主都认识到开展海外贸易对增加税收、充盈国库的重要性。1685 年，清政府颁布“展海令”，在粤东澳门（后为广州）、福建漳州（后为厦门）、浙江宁波和江苏云台山（后为上海）分别设立粤、闽、浙、江四个海关。这个时期的海运和远洋贸易得到了一定程度的发展。

其中，北方海运有北直隶帆船，属于以渤海湾大沽、牛庄等港口为母港的北方船型，方头，方艄，平底。清代的上海成为苏州的外港，大批沙船改泊在上海吴淞口。上海地处长江三角洲商品经济最发达的地区，是长江航运与沿海航运的枢纽，又是沿海航运的中心之一。

明清两朝400余年的海禁政策，阻碍了中国船舶航海事业的进步，制约了中国造船和航海事业的发展，与近代工业革命后的欧美国家逐步拉开了差距。经历过明代远洋辉煌的中国航海和船舶制造业，由巅峰不断衰落，虽然在中华人民共和国成立之后奋起直追，发展迅速，但与世界传统海洋强国之间仍存在追赶的空间。

（本章执笔：张楠博士）

中外科学技术对照大事年表
（远古到 1911 年）
航运、航空

约公元前 6300 年
荷兰地区出现独木舟

约公元前 6000 年
长江中下游、滨海地区出现独木舟

约公元前 3500 年
轮子已在底格里斯河到莱茵河的广大地区出现

公元前 21 世纪
有轮交通工具在中国出现；有辐条的轮子在西方被用于双轮战车；有轮交通工具在埃及出现

公元前 19 世纪中叶
贯通尼罗河与红海的古苏伊士运河（法老运河）首次通航

1 世纪中叶
《厄立特拉（另译厄立特里亚）海环航记》成书，印度的风帆海船有较大发展

2 世纪中叶
最初的帆船可能已在中国出现

12 世纪初
中国最早记载在航海中使用指南针

1405—1433 年
郑和七下西洋

1492 年
哥伦布发现美洲大陆

约公元前 3100 年
埃及陶瓶上出现绘有挂帆和多桨的船纹

公元前 31 世纪
有轮交通工具在印度出现

约公元前 3000 年
双轮或四轮战车与货车在美索不达米亚出现

公元前 2400 年
埃及 Deir el-Gebrawi 的墓穴中已有两脚桅杆、叉状桅脚的芦苇帆船形象

公元前 24—公元前 21 世纪
西方开始用马车运输农产品

2 世纪中叶
罗马帝国运粮船可承载 1300 吨以上谷物

3 世纪
帆船在中国用于内河运输

5 世纪
水密舱壁在中国出现

417 年
车轮舟在中国出现

9 世纪末—10 世纪中叶
指南鱼在中国问世，后来曾公亮在《武经总要》中首次详细记载它的制作和使用方法，制作过程中使用了人工磁化，是世界上人工磁化的最早实践

1545 年

德·梅迪纳《航海的艺术》问世，是第一部有实用价值的航海学论著，首次展示大西洋和美洲大陆轮廓，详细介绍罗盘导航和天体导航等技术

1712 年

纽科门蒸汽机成功安装，是第一台实用的蒸汽机，虽热效率低，仅适用于煤矿等燃料充足的场所，仍被广泛应用 60 多年

1896 年

兰利制成第一架重于空气的无人驾驶飞行器，用蒸汽推动，飞行高度 150 米，飞行距离 1500 米

1903 年

齐奥尔科夫斯基发表《利用喷气工具研究空间》一文，第一次明确阐述了火箭发动机的基本原理，具体阐述了液体火箭的构造，提出“质量比”的概念

1765 年

瓦特发明采用分离式冷凝器的新型蒸汽机，1769 年发明单动式蒸汽机，使断续动作变为连续动作，耗煤量只有纽科门蒸汽机的 1/4。此外还发明了活塞阀、曲轴连杆机构、离心节速器，并增加了飞轮，完成对蒸汽机的整体改进

1768—1779 年

库克船长进行了三次海洋科学考察，完成首次环绕南极大陆的海上考察，调查南极冰冻圈的范围，证实南极大陆的存在；发现了复活节岛、社会群岛等岛屿

1782 年

蒙戈尔费埃兄弟发明热气球，次年 10 月实现人类第一次空中飞行

1889—1907 年

茹科夫斯基创立飞行器升力定理：单位翼展上的机翼升力值是空气密度与速度环流和飞行速度的乘积。为飞机空气动力计算奠定了基础

第三章

金属冶铸与陶瓷制作

陶器的发明，是人类文明发展的重要标志，是人类第一次利用天然物，按照自己的意志，创造出来的一种崭新的东西。

中国冶金是从新石器时代晚期的采石和烧陶发展起来的。人们已经能利用有近千度高温的陶窑烧制陶器，同时也对木炭的性能逐渐熟悉，因此具备了熔铸、锻打和冶金的基本条件。

在中国古代，人们总是把陶与瓷相提并论而称之为“陶瓷”，这种提法反映了陶和瓷有共同点，它们都是火与土的艺术。由于陶器发明在前，瓷器发明在后，所以，瓷器的发明很多方面受到了陶器生产的影响，如人们对火的性能的掌握和对黏土特点的充分认识等。但陶与瓷无论就物理性能，还是就化学成分而言，都有本质上的不同。

瓷器是中国古代的一项伟大发明，在漫长的历史岁月中，勤劳智慧的中国先民点土成金，写下光辉灿烂的篇章，为人类文明作出了巨大的贡献。

第一节
炉火纯青：从青铜器到铁器

1. 中国青铜器文明起源于哪个朝代

文字、城市、冶金术被认为是人类文明的三大要素，而冶金术正是从冶炼铜和原始铜合金开始的。青铜是铜与锡等的合金，学会炼制青铜是人类文明的一项重大进展。从世界范围来看，人类大概从公元前 3000 年开始进入青铜时代。中国目前已知最早的青铜器，是在甘肃东乡马家窑文化遗址出土的距今近 5000 年的铜刀，该铜刀含锡量达 8% 以上，被认为是经过冶炼制成的。到了夏代，中国已经开始使用陶范和合范技术来铸造青铜器，发展到商周时期，终于形成了中国特有的大型青铜礼器文明。

中国商周时期的青铜器和世界其他文明地区发现的青铜器主要有以下不同之处：首先，从体积来看，中国出土的商周青铜器体积庞大，气势恢宏；其次，从功能来看，商周青铜器很大一部分是礼器，既不是食器，也不是盛装东西的日用品，而是属于彰显权力或有祭祀功能的“奢侈品”，其他文明，如印度河文明、欧洲文明，出土的青铜器大多为战具和农具；再次，从工艺上来看，商周青铜器纹饰考究，铸造技艺精湛，在世界青铜文化中独具一格，无可比拟；最后，从历史价值来看，许多商周青铜器上都有“金文”，记述了某鼎某器铸造的原因以及历史事件，使得商周青铜器极有历史价值和研究价值。

中国商周青铜器大概可以分为食器、酒器、礼器、水器、乐器等几大类，其中地位最特殊的一种就是鼎。鼎原本是一种食器，是古代用以烹煮和盛贮肉类的器具，但它最重要的功能是作为礼器，象征权力。据说，大禹是鼎的发明者，传说大禹曾收九牧之金铸九鼎于荆山之下，以象征九州（《史记》：“禹收九牧之金，铸九鼎，象九州。”）。周代又有了列鼎的制度，所谓“天子九鼎，诸侯七鼎，卿大夫五鼎，元士三鼎”等使用数量的规定。随着这种等级、身份、地位标志的逐渐演化，鼎逐渐成为王权的象征、国家的重宝。

迄今为止，中国出土的最大、最重的青铜礼器，是现藏于中国国家博物馆的后母戊鼎（原称司母戊鼎）。该鼎于1939年在河南安阳出土，因鼎腹内壁上铸有“后母戊”3个字而得名。鼎呈长方形，口长116厘米，口宽79厘米，壁厚6厘米，连耳高133厘米，重达832.84千克。鼎身雷纹为地，四周浮雕刻出盘龙及饕餮纹样，被称为“镇国之宝”。

除后母戊鼎之外，享誉中外的青铜礼器还有商代的“四羊方尊鼎”“人面方鼎”，以及西周时期的“大克鼎”“大盂鼎”等，它们是中国青铜铸造高超工艺和艺术水平的典型代表。

商周青铜器制作工艺主要体现在合金和铸造两方面。

在合金方面，商周青铜器主要使用铅锡青铜和锡青铜。科学家检验了出土的商周时期的青铜器中的元素含量，发现青铜容器一般含铅量较高，而兵器和工具含铅量较低，这说明工匠们已经掌握了铅、锡等元素的含量对器物整体性能的影响。容器中铅元素含量高，有利于提升铸造性能，获得表面光洁、棱角清晰的铸件。然而铅元素含量过高会使合金的强度变弱，不利于制作刺杀和切割类的武器和工具，而加入锡元素则会使合金的抗拉强度增加，所以大型器物中铅的含量高过锡，而在武器和工具上，锡的含量高过铅。总之，商周青铜器中的合金配比与器物的用途有着较为明确的对应关系，这说明对合金知识的掌握是中国商周青铜器铸造技艺精湛的一个重要原因。

在铸造工艺上，青铜器的制作主要分为制范、熔铜、浇铸和铸后加工四个步骤。

制范分为陶范和石范。所谓“范”，就是模具的意思。铸造青铜器首先要用泥或石制造模子，一些复杂器物的模子也要制作得精细，包括所需的纹饰、图案等，都要制作在模具上。由于石范不适合制造复杂器型，所以大部分的商周青铜器制作都使用陶范。

铸造方法主要包括分铸法和浑铸法。“分铸”就是将青铜器的各部件分别铸造，再进行焊接。“浑铸”就是整体铸造，一般是将陶范组合成整体，一次浇铸成型。中国发现最早的失蜡铸件形成于春秋中期，目前还未有证据表明商周时期掌握了“失蜡法”。

在后期加工上，纹饰的制作经历了由简单到复杂的过程。早期青铜器表面纹饰主要是在范面上压塑的，到了商代中期，开始采用范面压塑与雕刻结合的手法，这才制作出了精美复杂的三层纹饰。

2. 西汉进入铁器时代的关键是什么

各文明古国对铁器的认识和使用大部分来自陨铁，由于陨铁有极佳的强度和韧性，因此引发了人们对铁器的需求。中国目前发现最早用陨铁制成的器物是商代中期的铁刃铜钺，该器物是用陨铁制成钺的锋刃，而其他部分则用青铜铸就，是一件双金属复合材料的兵器。根据考古资料，中国冶铁技术大约从西周晚期开始出现，生铁冶铸技术大约发明于春秋时期。春秋时期，铁器农具已经开始应用于农业，极大地提高了农业生产效率。

秦汉之际，随着冶铁技术的逐渐发展，人们逐渐摆脱了青铜器时代的影响，到了西汉中期，完全进入了“铁器时代”。完全进入铁器时代的关键在于，这一时期制钢技术取得了重要突破。将生铁经过脱碳处理变成钢材，再锻打成器物，是中国古代特有的脱碳制钢技术。中国先进的金属生产加工技术在汉代便深刻影响了周边国家：生铁冶铸技术在西汉时期已经传到了中亚地区；中国的刀剑在三国时期传到了日本，日本后来发展出了优秀的倭刀锻制技术。

隋唐之际，随着钢铁加工技术的全面发展，一些大型铸件开始出现，如沧州铁狮子，唐开元铁牛、铁塔等。中国现存最早的铁塔是广州光孝寺双塔，是五代南汉后主所铸。该塔历经千余载，至今锈蚀甚少，这在广州这样湿热的地域实属难得。

对中国钢铁的冶炼、铸造过程有具体整理说

明的，当属明代宋应星的《天工开物·冶铸卷》，从这一著作中我们能够详细了解古人的金属开采、冶炼和加工工艺等情况，例如失蜡法铸造、砂型铸造、泥型铸造技术所用到的材料、工艺以及熔炼方法等。

总而言之，中国古代的钢铁冶炼技术在早期是非常先进、领先于世界的，即使到 17 世纪末与其他国家相比也毫不逊色。然而，中国古代社会长期处于相对封闭、稳定的氛围中，因而没能实现向现代金属生产技术的转化，而西方则发生了工业革命，并开始在全球扩张。清朝晚期，西方的“坚船利炮”给了国人极为深刻的教训。1861 年洋务运动开始，中国从西方“取经”，后来才逐渐建立了近现代的金属工业体系。

第二节
中国古代都有哪些陶器

1. 古人是怎样发现并制作陶器的

陶器出现的时间很早，早在 1.5 万多年前，人类就已经开始制造和使用陶器了。中国境内发现的年代最早的陶器样品是广西桂林市庙岩遗址出土的陶片，时间在 1.6 万年前到 1.55 万年前。

远古社会的人类究竟是怎样开始发现并制作陶器的？这到现在还是一个谜。历史学家推测，应该是先出现用水和泥巴捏成的泥塑品，再逐渐发展变成烧制过的陶器。有可能是出现过森林大火，原始人类逃生后再回到烧灼过的土地上，发现泥塑制品变得坚硬，因而受到了启发。上述说法只是一种主观推测，从世界范围来说，由于地区和环境不同，人类发明陶器的起始和途径可能也不相同。但神奇的是，在各个古代文明中心，人们都拥有并发展出了属于他们自己的陶器，诸如中国的黄河流域、长江流域、华南地区，印度的印度河流域，埃及的尼罗河流域等。在蒙古、俄罗斯也发现了 1.2 万多年前的陶片。据说在日本出土了 1.6 万年前—1.5 万年前的陶片，但是其中有些陶片的烧成温度太低，只有 400—500 摄氏度，是还没有完全陶化的土器。

陶器的发明对人类社会有重大的作用。有了陶器，人类就可以煮食物吃，煮过的食物的营养也更容易被吸收，从而促进了人类的身体和智力发育。陶器也有利于人类采集果物、储水，人们就可以过上长期定居的生活。

中国陶器工艺起源于新石器时代。到了商周时期，中国发展出了印纹硬陶工艺。印纹硬陶比一般陶器更致密，更坚硬，烧成温度也比一般陶器更高。陶器所用的原料大多属于易熔黏土，只能在 1000 摄氏度以下的温度烧成，而印纹硬陶的原料经过了改进，变成了瓷石类黏土，烧成温度已可高达 1200 摄氏度。到了秦汉时期，中国人已经可以制造出工艺精湛、细节生动的陶制器物，其中最著名、最具代表性的就是陕西西安临潼的秦始皇兵马俑。

2. 秦始皇兵马俑：世界第八大奇迹

公元前221年，秦始皇以武力兼并了六国，结束了春秋战国诸侯割据的历史，建立了中国历史上第一个中央集权君主专制的统一王朝。为了彰显帝国的力量与皇权的强大，秦始皇修建陵墓时在全国召集大批工匠，为他建造了一支名副其实的地下军队——兵马俑。

1974年3月，陕西临潼地区骊山镇西杨村的农民在打井时发现了几个破碎的用泥土烧制的陶俑，与真人一样大小，后来经过陕西省考古队勘探，秦朝时期的这些陶俑终于大批量重新出现在人们面前。从1974年到现在，在陕西省西安市秦始皇陵东侧挖掘出的秦代兵马俑坑共3处，共出土了陶俑1000余件。根据陶俑的排列和未挖掘的规模推算，秦始皇陵墓的陪葬兵马俑总数有8000余个。

秦始皇兵马俑之所以被称作“世界第八大奇

迹”，主要是因为有以下震惊中外的特征。首先，规模大，数目多。兵马俑大军的总规模达到 8000 余个，单一号坑就有 6000 余个真人大小的陶俑，规模之大，数目之多，举世无双。其次，形象逼真，高度还原。过去也出土过一些陶俑，但都比较小，高度一般是 20—30 厘米，最多也就 60—70 厘米。而兵马俑和真人一样大小，根据秦朝士兵的身高 1∶1 塑造，面部表情、服装纹饰都栩栩如生，如同复活的军团，给人以极大的冲击力。最后，色彩鲜艳。兵马俑是彩绘陶，烧制后绘上红、绿、紫、蓝、白、黑等颜色，工艺复杂，这些颜色是用矿物原料配制的，红色是用朱砂、铅丹、赭石制成，绿色为孔雀石，蓝色为蓝铜矿等。刚挖掘出来的陶俑还保留着鲜艳的颜色，但是出土后由于被氧化，颜色不到 10 秒便消失殆尽。

兵马俑的头是单独制作的，由前后两片合模成型。兵马俑的躯干是整体一次成型的，内部为空心。兵马俑的制作中还有一些具体的工艺细节，我们至今也没有完全弄清，但从制陶工艺水平来说，无疑居于世界领先的地位。秦朝在兵马俑的制造过程中采取了“物勒工名”的管理制度，就是说工匠需要在所造的陶俑、器物上刻上自己的名字，如果有质量不佳、工作不当之处就要追究责任，甚至被定罪（《吕氏春秋》：“物勒工名，以考其诚，工有不当，必行其罪，以究其情。”）。目前在陶俑、陶马身上发现了200多个工匠的名字，这说明“物勒工名”的管理制度有效地保证了兵马俑的质量。

3. 唐三彩：中国陶器史上又一高峰

中国陶器制作技术的又一高峰是唐朝出现的“唐三彩”。唐三彩集多色于一身，以黄、绿、白为主要颜色，釉色绚丽，雕塑技术高超。唐三彩的铅釉有毒，因此一般不作为日用器物与饮食器具，大部分出现在唐代贵族的墓中，作为死者随葬用的明器。

唐三彩的制作采用二次烧成的方法。首先是制胎，然后进行素烧，素烧的温度为1150摄氏度。第二次是上釉后进行釉烧，烧制温度为950

摄氏度。唐三彩的基础釉料中有高岭土、石英粉等，还添加了大量的铅元素，基础釉料烧成后呈现白色，在基础釉料中加入氧化铁就配成了黄釉，加入氧化铜便配成了绿釉，加入氧化钴便配成了蓝釉。

唐三彩以色彩艳丽、造型精美、胎质紧实、工艺高超而著名，唐代墓葬中出土的唐三彩，有武士、文官、乐俑、舞俑、房屋、亭院、楼阁、仓房、厕所、牛马、猪羊、鸡鸭、狗兔以及怪兽等造型，充分展现了唐代富庶繁荣的社会生活，让观者千载之后悠然神往。除唐三彩外，低温铅釉陶器中比较出名的还有宋三彩和辽三彩，二者与唐三彩属于同类，但在釉料和装饰风格上略有差异。

4. 宜兴紫砂壶出名的原因是什么

另一种有代表性的中国陶器就属宜兴紫砂壶了。中国茶道历史悠久，而茶器以紫砂壶为上。纯正的紫砂壶原料必须来自宜兴丁蜀镇的山上，紫砂与普通的陶土在成分上略有区别，是宜兴特产的矿料，也是独有的资源。

纯正的紫砂陶器具有独特的双重气孔结构，气孔微细，密度高，透气而不透水，适茶性极佳，不仅能做到“盛暑而越宿不馊”，而且还能与各种茶性叠加，增加茶汤的美味。紫砂壶具有高吸附性，长期使用的紫砂壶，即使不放茶，倒入开水，依然能释放出茶香，这是与一般茶器不同的地方。

紫砂陶艺起源于明代，创始人据说是制造了“供春壶”的供春。供春本是一个书童，随主人吴颐山来到宜兴。闲暇之时，供春向寺庙中的一位老僧学习了制壶技术，并以当地的紫砂细陶土为原料制作了一个造型特别的壶，人称“供春壶”。也有传说认为供春是一个婢女，她学做紫砂壶是为了送给主人，讨主人欢心。不管如何，紫砂壶自供春后就迅速流行起来了，万历年间有董翰等四位擅长制作紫砂茶具的艺人被称作“茗壶四大家”，后世紫砂制壶大师人才辈出，著名的有时大彬、陈鸣远、顾景舟等。

紫砂壶之所以出名，不仅是因为制壶的陶泥料性独特，更重要的还是在于它的制造工艺以及蕴含的人文气息。许多制壶者有较为深厚的文艺素养，不断地对紫砂壶的形制以及技艺进行创新。比如，董翰参照唐宋铜镜花纹制作了“菱花壶”；时大彬不仅在器形纹饰上有所创新，而且在泥料上大胆地使用了“调砂”工艺；顾景舟擅长做石瓢壶，创制了“景舟石瓢”等。

经过无数制壶艺人的创作，紫砂壶现在的造型非常多，常见的就有西施壶、文旦壶、井栏壶、水平壶、石瓢壶、德钟壶、思亭壶等。总之，紫砂壶不仅是陶器，还是一种文玩，是中国茶道特有元素和文人情怀的寄托。紫砂壶是中国人喝茶的首选茶具，许多人喜欢将紫砂壶置于案头把玩，经过多年使用、盘玩后的紫砂壶会从内到外呈现一种莹润的光泽，似金似玉，人称“紫玉金砂”。

宜兴的陶土虽然极为丰富，但紫砂矿只占其中很少一部分，曾有一段时期，因违法开采、过度开采，很多紫砂矿矿井都基本报废。2005 年，宜兴颁布实施紫砂矿“禁采令”，暂时冻结对紫砂土的开采，这体现了紫砂土的宝贵和重要，也有助于紫砂产业的长期发展。

第三节
瓷器：古代中国的名片

1. 瓷器和陶器有什么区别

瓷器是由陶器发展而来的，然而瓷器与陶器又有本质的区别。它们的区别主要体现在四个方面。一是原料不同，陶器以一般黏土为原料，而瓷器主要以瓷土为原料。二是烧成温度不同，陶器一般在 1000 摄氏度以下成型，而瓷器的烧成温度大部分在 1200 摄氏度以上。三是外观不同，陶器一般保持原色，较少上釉；瓷器的外观坚实紧密，表面有一层玻璃质釉。四是性能不同，瓷器在性能上具有更高的强度，气孔率和吸水率都明显小于陶器。

瓷器是中国的伟大发明，外国人将中国称为 China——瓷器之国，是因为中国古代拥有高超的瓷器制造技术，长期以来都是世界上最大的瓷器出口国。

中国的原始瓷出现在商代，是在印纹硬陶的基础上发展起来的。之所以称作原始瓷，是因为它的制胎原料不够细，烧成温度不够高，釉层薄厚不均，容易脱落，品质上与真正的瓷器还有一定差距。

知识拓展

瓷器为什么成了中国的代名词

瓷器是中国的伟大发明，瓷器源于陶器，脱胎于陶器，而精于陶器。早在新石器时代，中国先民就已开始制造和使用陶器，而瓷器制作技术成型于汉代，至唐代、五代十国时渐趋成熟；宋代为瓷业蓬勃发展的时期，定窑、汝窑、官窑、哥窑、钧窑等窑名垂千古；元代青花和釉里红新品迭出；明代创新彩绘世界；清代发展进入巅峰，制作技艺新颖别致，瓷器发展繁荣昌盛。

从8世纪末开始，中国陶瓷开始向外输

出，经晚唐和五代十国，到宋初达到一个高潮；宋元到明初是中国瓷器输出的第二个阶段；明代中晚期至清初的200余年是中国瓷器外销的黄金时期。17—18世纪，中国瓷器通过海路行销全世界，成为世界性的商品，继而为中国在世界上博得“瓷器之国”的美誉，“China”这个单词也是从这个时候起成了中国的名片。“瓷器”与“中国”在英文中同为一词，充分说明精美绝伦的中国瓷器完全可以作为中国的代表。

瓷器是中国劳动人民的独特创造，是中国传统元素的杰出代表，同时也是中西文化交流的桥梁和纽带，对中国文化乃至世界文化的繁荣发展起到了巨大的推动作用。

2. 青瓷和白瓷是哪个朝代的极品

东汉晚期，越窑青瓷在中国南方烧制成功。越窑青瓷的出现意味着中国发明了成熟的瓷器，从此世界上有了瓷器。越窑青瓷上面的釉是钙釉，随着烧成温度的变化，釉色呈现为灰黄色或者青灰色。到了唐代，南方青瓷的烧制工艺越来越成熟，釉色、纹饰、形制等各方面都精益求精，尤其以越窑的秘色瓷最为出名。秘色瓷是越窑青瓷中的精品，“秘”有配方保密的意思，它的颜色青翠，外表的玻璃化效果好，有如冰似玉的莹润感。唐代诗人陆龟蒙在《秘色越器》一诗中赞美秘色瓷：“九秋风露越窑开，夺得千峰翠色来。好向中宵盛沆瀣，共嵇中散斗遗杯。”越窑秘色瓷专供皇家，存世量稀少，每一件都是后世推崇的艺术珍品。

在北方瓷器中最有划时代意义的是隋唐时期出现的白瓷，白瓷是在白色瓷胎上施一层无色透明的釉，在瓷胎的制作中，以高岭土和长石为主要原料。中国北方的白瓷以邢窑、巩窑、定窑为代表，烧成温度一般都超过了 1300 摄氏度，邢、巩两窑的白釉瓷烧成温度分别达到 1370 摄氏度和 1380 摄氏度，成为到目前为止所能收集到的中国瓷器的最高烧成温度。白瓷的出现打破了青瓷一统天下的格局，形成了中国瓷器史上“南青北白”的两大体系，更重要的是，白瓷是创造彩绘瓷的先决条件，为后世釉上彩、釉下彩、青花瓷、粉彩、斗彩的出现打下了基础。

3. 中国瓷器艺术的高峰是怎么形成的

宋代是中国瓷器工艺的高峰时期，历来有“五大名窑”之说，就是汝窑、钧窑、官窑、哥窑和定窑。事实上，除五大名窑之外，还有耀州窑、磁州窑、吉州窑、建窑等，它们均以工艺精湛、特征鲜明的代表作著称于世，共同形成了宋代瓷器艺术的高峰。

汝窑。因产于汝州而得名，窑址在今河南宝丰大营镇清凉寺村，又分为民窑和汝官窑。汝窑的釉是一种乳光釉，具有一种不透明感，釉色较深的称为天蓝，较淡的称为天青，再淡的称为月白，其中又以天青为贵，是“雨过天青云破处”的颜色。除了颜色清淡高雅彰显宋人审美之外，汝窑瓷器还有一个特征，就是常以开片作为装饰。开片是指釉层上的冰裂纹，这些裂纹仅仅出现在釉面上，而不伤胎体，会随着时间而逐渐变化，充满韵味。汝官窑瓷器的配釉曾以玛瑙为原料，因而自古以来就很贵重。又由于汝窑瓷器的存世量稀少，因此件件都是稀世奇珍。2017年北宋汝窑天青釉洗以2.94亿港元的天价在香港拍卖成交，创造了世界纪录。收藏界有谚曰："家有黄金万两，不如有汝瓷一片。"（传说宋徽宗做了一个梦，梦见雨后天青的颜色非常好看。醒来之后，他便写下一句诗："雨过天青云破处"，拿给工匠参考，让他们烧制出这种颜色。一时间，不知难倒了多少工匠，最后汝州的工匠技高一筹，烧出了令宋徽宗满意的天青色。）

钧窑。钧窑位于河南禹县境内，以钧台八卦洞窑烧制的最有代表性。钧瓷的最大一个特点是"窑变"，就是在窑内发生色彩变化。施釉的器物，入窑时为一色，出窑时变得五彩缤纷，古人用"入窑一色，出窑万彩""钧瓷无对，窑变无双""千钧万变，意蕴无穷"来形容钧瓷色彩繁多、独一无二、不可复制的特征。钧窑窑变是因为釉料中含有铜，而铜是变价金属，对烧成温度和炉内含氧量等变化非常敏感，一旦炉内的烧成气氛发生变化，瓷釉中铜的存在状态会立刻发生变化，导致一种颜色或几种颜色的出现或消失，因此钧窑有“玫瑰紫”“海棠红”“黑色”“青色”等许许多多的颜色和渐变。

官窑。宋代官窑是由官府直接营建的瓷窑，产品专供宫廷，以生活用瓷和陈设用瓷为主。目前只在杭州市南郊乌龟山一带发现了南宋官窑。南宋官窑一般采取二次烧成法，并施以厚釉：先低温素烧坯体，然后在素胎上施3到4层厚釉，釉层厚度在2毫米以上，再入窑高温烧制。官窑有“紫口铁足”的特征，是因为瓷胎中的氧化铁含量比较高，在烧制过程中，氧化铁被还原成了氧化亚铁，致使口缘釉料薄处泛出稍浅的紫色，底足无釉处则露胎，呈现黑褐色。这种紫口铁足和厚施青釉结合在一起，给人以古雅的感受。除官窑外，紫口铁足也是哥窑和龙泉窑的特征之一。

哥窑。哥窑瓷器是龙泉青瓷的一种。龙泉窑位于浙江龙泉，始烧于北宋早期，至南宋中期为极盛，以梅子青釉和粉青釉为巅峰。哥窑在龙泉青瓷的基础上佐以“金丝铁线纹”，金丝铁线就是人工染色后的冰裂纹。哥窑细密冰裂纹的形成，主要是由于釉和胎的膨胀系数相差较大，经过温度骤变，釉层会在胎上开裂，形成细丝状的开片，而经过浓茶等物质的染色后，就会变成特有的“金丝铁线纹”。

定窑。定窑位于古代定州，今河北省保定市曲阳县一带。定窑属于北方白瓷一脉，吸收、继承了邢窑的技术，以独特的芒口覆烧工艺著称于世。“芒口”与“紫口铁足”类似，实际上就是因瓷器口边无釉，露出胎骨形成的。“芒口覆烧”就是将碗、盘等器皿反扣在窑里烧，这样就会出现“芒口”。定窑瓷器在装饰上也比邢窑白瓷更富丽，纹饰图样更精美，有刻花、印花、划花等。定窑在北宋“靖康之变”后停滞、废弃了很长一段时间，由于匠人避乱南迁，定窑的工艺后来被带到了南方新兴的窑厂景德镇。

建窑。建窑位于福建省水吉镇，是民窑。建窑以“黑釉黑盏”著称，其中，呈现野兔毛状黄色条纹的茶盏被称为“兔毫盏”，还有一种更珍贵的品种被称为“鹧鸪斑盏”，大概是因为黑釉上面呈现了类似鹧鸪身上白斑点的式样。建窑产的黑色建盏是宋人喝茶最常使用的茶具之一，北宋苏轼有诗曰“忽惊午盏兔毛斑”，苏辙诗句中有“兔毛倾看色尤宜”。黄庭坚在《满庭芳·茶》一词中写道：“纤纤捧，研膏溅乳，金缕鹧鸪斑。”建窑瓷器的胎和釉中氧化铁的含量较高，因此称铁胎黑釉，是名副其实的黑瓷。而黑釉上呈现的兔毛条纹，是烧制过程中形成的一种“结晶釉”，是高温烧制时铁元素流动并析出赤铁矿小晶体导致的。建盏作为茶具称雄于整个宋代，上至君臣大夫下至百姓黎民都在使用，与中国的茶道文化紧密地结合在了一起。

4. 景德镇是怎么成为中华瓷器之都的

宋代以后，中国瓷器的整体发展趋势呈现由单色向多色、彩色的转变，这一方面是工艺发展的结果，另一方面也是时代审美意趣导向的结果。

元明清时期，五大名窑逐渐没落，而江西景德镇成了集全国制瓷技术之大成者，以生产颜色釉瓷和彩绘瓷著称于世。

颜色釉瓷就是在釉中加上不同的金属氧化物为着色剂，在一定的温度下烧制出具有某种特殊色泽的瓷器。如青釉以铁为着色剂，红釉以铜为着色剂，蓝釉以钴为着色剂。明代的霁红、清代的郎红、乌金釉、茶叶末釉等是著名的颜色釉瓷。

彩绘瓷又叫彩瓷，主要有釉下彩和釉上彩两大类，青花瓷、釉里红瓷属于釉下彩，而清代的五彩瓷、粉彩瓷则属于釉上彩。

青花瓷于中国唐代首次出现，至元代景德镇的湖田窑开始走向成熟，明清时代发展到了顶峰，大量烧制的青花瓷成了明清时期主流的瓷器品种之一。青花瓷是釉下彩的一种，先在瓷坯上用“青钴料”绘出花纹，再罩上一层透明釉，在1350摄氏度的高温下烧成瓷器。绘制青花图案的“青钴料”有的来自云南、浙江和江西等地，有的来自西域，有“苏麻离青”“回青料”等。不同的青钴料烧制成的花纹颜色、明暗等方面有品质差异。

五彩瓷和粉彩瓷，二者都是釉上彩。五彩瓷是多彩的意思，然而并非一定要有五色，只要有红彩、黄彩等三色以上，便能叫五彩瓷。它的工艺是：在已经烧成的瓷器上用红、绿、黄、蓝、紫等五彩作画，然后在800摄氏度的温度下二次烧成。粉彩瓷与五彩瓷类似，粉彩瓷的釉料中因含有砷，具有乳浊的效果，能让各种颜色进行“粉化”，使红彩变成粉红色，蓝彩变成浅蓝色，绿彩变成淡绿色，整体的颜色效果比五彩更加柔和，呈现一种明丽淡雅的美。清朝康熙晚期利用进口料创制烧成了粉彩瓷器。到了雍正时期，粉彩瓷技艺臻于成熟，逐渐取代了五彩瓷的地位。

斗彩瓷是釉上彩与釉下彩的结合：先制成青花瓷，再于青花上以含铁和含铜的材料绘出图案，进行二次入窑烧制。斗彩瓷以青花为主要色调，佐以红、黄、绿等颜色的花纹，比青花瓷更加富贵明艳。

瓷器是中国的伟大发明，中国被称为“瓷器之国”可谓实至名归。有学者总结了中国古代陶瓷技术史上的五个里程碑：第一个里程碑是新石器时代人类发明了陶器；第二个里程碑是印纹硬陶的出现和中国商代原始瓷的出现；第三个里程碑是东汉出现了成熟的瓷器——越窑青瓷；第四个里程碑是发明白瓷，为后世创造彩绘瓷奠定了基础；第五个里程碑是宋代到明清以来各种名窑、各种釉质和彩绘瓷的盛大绽放。

回顾中国陶瓷史，每一件精美的器具背后都隐藏着古代工匠的智慧与辛劳。今天我们有了更加先进的利器——现代科学技术，然而，老一代匠人的手艺和传统的制造工艺正逐渐消逝。继往开来而不忘古，我们在发展现代制造业的同时，也应当保护、珍视民间的传统工艺，更应当学习传统手艺人敬物、惜物和精益求精的职业精神。

（本章执笔：李月白博士）

中外科学技术对照大事年表

（远古到 1911 年）

冶金、陶瓷

公元前 36—公元前 31 世纪

长江中下游出现快轮制陶

公元前 36—公元前 31 世纪

乌尔的乌鲁克时期出现最古老的陶轮部分

4 世纪上半叶

《华阳国志》中首见白铜（铜镍合金）

8 世纪后半叶—9 世纪初

贾比尔（Jabir ibn Hayyan）在参考希腊炼金术译著和伊斯兰冶炼制造技术的基础上创立金属组成性质平衡理论（首先是水银—硫黄合成论），首次制成硝酸、柠檬酸、酒石酸，通过蒸馏得到高浓度醋酸，将矿物质分为挥发性、金属和粉质三类，提出参与化学反应的各种物质有一定分量比例的观点

1593 年

伽利略发明空气温度计，人类告别对温度高低的感知只能依靠经验和感官的时代

1650 年

格里克发明抽气机，1654 年演示马德堡半球实验

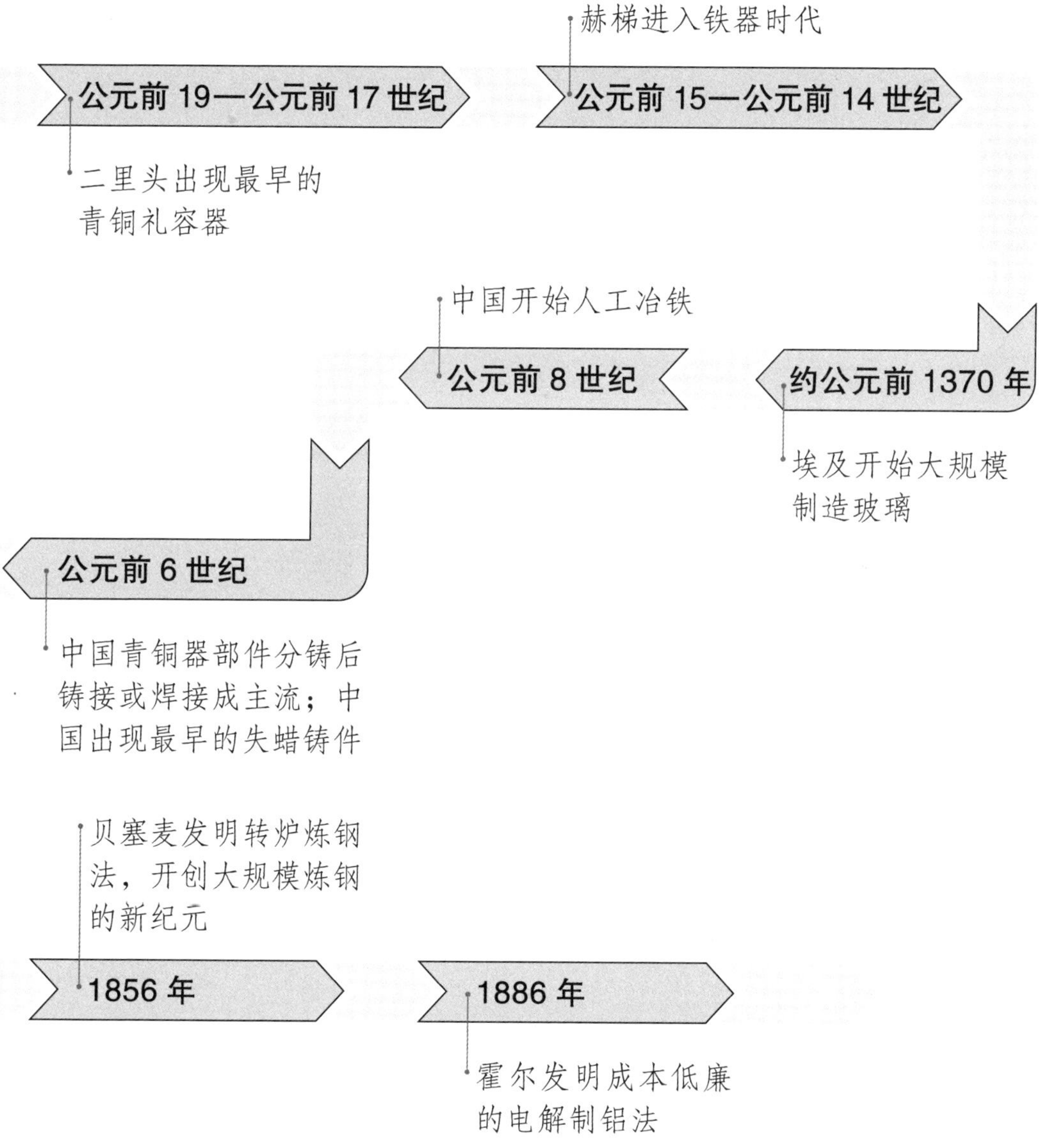

公元前19—公元前17世纪

二里头出现最早的青铜礼容器

公元前15—公元前14世纪

赫梯进入铁器时代

约公元前1370年

埃及开始大规模制造玻璃

公元前8世纪

中国开始人工冶铁

公元前6世纪

中国青铜器部件分铸后铸接或焊接成主流；中国出现最早的失蜡铸件

1856年

贝塞麦发明转炉炼钢法，开创大规模炼钢的新纪元

1886年

霍尔发明成本低廉的电解制铝法

第四章

中国古代水利工程

古代中国是一个以农立国的社会，历代都把发展农业当作大事来抓，尤其重视兴建水利工程。从传说中的大禹治水开始，数千年来，勤劳智慧的中国人民同大自然进行了艰苦卓绝的斗争，修建了无数大大小小的水利工程，促进了农业生产水平的提高，推动了整个社会经济的发展和繁荣。它们当中最具代表性的是都江堰、黄河治理和大运河。

第一节
都江堰：世界古代水利工程的典范

都江堰兴建于战国末年秦吞并六国的战争中。这项诞生于历史重要转折时期的水利工程，历经2000多年至今仍然充满生机。都江堰以富有创造力的规划、与江河和谐的水工建筑物、疏密有度的管理智慧，成为可持续水利工程的典型范例。

就工程技术而言，都江堰属于无坝引水工程，这曾经是古代中国最普遍的水利形式，它的关键在于利用河流的水文、地形来布置分水、溢洪工程，以较少的工程设施获得工程效益。这类工程的规划和设计没有现代意义的规范或标准，相较于现代水利技术对江河生态的负面影响，都江堰却是将谋求水利工程效益、充分发挥作用与环境保护有效结合的典型工程。

2000年11月，青城山与都江堰被联合国教科文组织一起列入《世界文化遗产名录》。

1. 岷江为什么被称为成都平原的母亲河

岷江是长江的一级支流，它在流入成都平原的都江堰后，被分成若干河渠，形成枝状河网，自西北向东南穿行于成都平原，最后在新津汇合，再归入岷江。

成都平原位于四川盆地的西部，是青藏高原向四川盆地过渡的地带，整个平原自西北向东南倾斜，地面坡度十分利于自流灌溉和航运。正是这种优越的自然环境和地理优势，培育出了都江堰特有的水利条件，而都江堰水利工程又造就了纵横于成都平原的人工水系。

岷江流域是黄河流域之外中华文明的又一发祥地，它辉煌的蜀地文明可与黄河流域的古文明相媲美。在古老的蜀地文明中，水利是重要的组成部分，并在岷江流域早期行政区的形成和演变中产生重要影响。换句话说，都江堰的兴建源于岷江—成都平原，又改变了成都平原天然河流的自然形态，并直接影响到了县乡以及城镇的形成。

2. 都江堰是如何成就天府之国的

水利工程的修建是大规模的人类活动，不仅对文明的发生、演化有重要作用，同时也在改变和塑造着自然环境。战国末年，秦国为将巴蜀经营成统一天下的根据地而兴建了都江堰，客观的结果是改变了成都平原的江河形势，构建了新的河流水文体系，从此改变了成都平原的自然环境和社会形态。都江堰创造的河流，不仅为平原提供了水运和行洪的通道，还因有利于灌溉和航运，使成都成为中国西南地区的政治、经济和文化的中心。反之，成都平原对水的需求，又赋予了都江堰不断完善和延续的动力。

李冰对都江堰的贡献主要是“凿离堆”“开二江”。前者形成了都江堰使用至今的进水口，后者则打通了岷江水进入成都的两条干渠。这一举措打通了平原与岷江的水路，使成都平原既有稳定的水源支持，又有通畅的行洪通道。至于早期都江堰的效益，司马迁认为是“舟楫之利”，灌溉只是衍生的效益。

李冰修建都江堰的举措是真正的“功在当代，利在千秋”。都江堰建成100多年后，司马迁在《史记·河渠书》中留下了关于都江堰的最早记载，记述了李冰对都江堰的贡献和水利工程的主要效益。东晋常璩《华阳国志》盛赞都江堰的修建使得成都平原从此“水旱从人，不知饥馑，时无荒年，天下谓之‘天府’也”。到宋元时期，李冰还被载入国家功臣祀典，享有官祭地位。

汉代以后，都江堰的灌溉效益逐渐成为这一水利系统的主要功能。都江堰水利体系所营造的富庶的天府之国，也不断地完善着都江堰水利系统。

三国两晋期间，政权割据，战乱四起，但以成都为政治中心的政权，如蜀汉、成汉等，经济大多依然繁荣，成都平原和都江堰的水利工程与岁修也一直持续开展。进入隋唐大一统之后，蜀地所在的益州成为扬州以外的另一大经济重地，如“安史之乱”时就给过朝廷以极大的支持。而这一时期，都江堰渠系工程继续向成都平原南部，也就是岷江中游延伸，都江堰灌区水利系统不断完善。不仅如此，唐代在都江堰的管理组织体系和管理制度上也渐趋成熟，从渠首到灌区都已有了严格的岁修制度，主持岁修成为各县政府官员的主要政务，但百姓也因此需要承担赋税和劳役的双重重负。

隋唐兴建的灌溉工程和河湖改造工程，改变了汉代以来成都“二江”的河流格局，为城市造就了更多水域，构成了成都完善的市政水道和园林河湖，形成了成都内河湖水系，城市景观和生活环境都因此得到显著的改善，但同时也带来了区间洪水的威胁和防洪压力。后蜀晚期，由于疏于管理，城市河湖淤塞，成都发生了水淹全城的大水灾，上千户居民的家园荡然无存，5000 多人遇难，后蜀王宫几乎被冲毁。这给后世留下了警示。

总而言之，从三国到唐末五代，都江堰的水利工程和管理制度不断完善，造就了都江堰受益区水环境最好的时期，维系了成都平原 700 年的富庶。

宋代以来，都江堰从渠首工程到灌区，各项

管理制度都得到强化，官方与民间在工程和用水管理上构成了相互依存又相对独立的管理体系，这种灌溉管理制度和用水文化，赋予了都江堰长久的生命力。成都平原成为当时全国人口密度最高的地区，土地开发率也达到了无寸土之旷的程度。得益于隋唐时期兴建的水利工程，宋代都江堰灌区不断扩展，成都平原甚至成为国家军粮的主要供应地。不仅如此，成都平原还成为两宋时期的重要交通枢纽，全国的富商大贾云集于此，大宗贸易都通过都江堰干支渠的通航水道转运。世界上最早的纸币——交子就是这一时期在成都平原开始流通，并推向宋王朝各地。

宋元更迭时期，成都平原惨遭战火蹂躏，成都几乎成为空城，直到元朝中后期，开始复兴成都水利，都江堰灌区和成都平原才逐渐恢复生机。

现代都江堰渠首等工程设施及干支渠系定名基本都是在明清时期。明清时期，都江堰在完善的管理制度下继续发挥效用，成都平原维持了区域农业经济优势。尽管这期间有战火纷扰，清后期开始有内外危机，但都江堰的渠首水量调配方式、岁修、施工监督以及灌区管理、水的祭祀典礼还是一脉相承，直至20世纪50年代。

20世纪30年代，都江堰工程的技术变革姗姗而至。1934年，都江堰分水鱼嘴首先使用水泥修筑，改善了河床的承载性能和不均匀沉陷的状况。水泥的运用，标志着现代水利技术、建筑材料和工程结构进入了这个古老的灌溉工程。20世纪50年代以后，随着灌溉面积向川中丘陵地区的扩展，传统都江堰的工程体系和管理机制都发生了根本性的变革。

3. 都江堰有哪些领先的技术

都江堰是中国传统的无坝引水工程的典范，它以对河流水文特性的利用与规划、巧妙的工程布置和最少的工程设施运行了上千年。尽管其间多次失修废弃过，但每一次重建，工程设施、布置和建筑物的形制基本没有大的改变，都江堰都会恢复到原有的形制。

都江堰渠首与现代水利枢纽工程的设计理念和建筑技术完全不同，它通过对河流地形、水流的利用和与各工程设施的协同运作，实现引水、排洪、排沙等多方面的工程效益。以下从3个工程设施的侧重功用来探讨都江堰因地制宜、因势利导的技术特点。

（1）鱼嘴分水排沙机理

都江堰鱼嘴是一处鱼嘴形的内外江分水口，是都江堰渠首枢纽的控制点，它决定了渠首工程各设施的布置，可以在一定程度上控制内外江分水分沙的效果。它的原理是通过鱼嘴的位置选择，实现对岷江水量的合理调配，对解决成都平原枯水时供水不足、汛期洪水分减的问题十分有效。

历代都江堰鱼嘴的位置都是古代水利工程师刻意选择的，如清代都江堰鱼嘴的位置就是随着工程恢复，灌区用水增加而逐年上移的。清代道光年间，四川总督丁宝桢就指出，鱼嘴的建造位置不断上移，是迁就河道冲淤变化所致，内外江分水口的决定，应当以低水位时河势是否有利于内江引水为判断标准。此外，为了增加枯水期鱼嘴分水处内江的引水量，还有一种被称为鱼嘴活套笼的临时工程措施——由杩槎（读 mà chá，一种挡水的三脚木架）组成的导流堤，可以沿鱼嘴外沿向外江延伸或拦河或部分拦河。1974 年外江闸建成后，这一功能由外江闸承担。

（2）飞沙堰的节制功能

岷江过都江堰鱼嘴内外江分水口至宝瓶口段，内江正当岷江主流的凹岸，河道地形断面上左高右低，在水流的冲击下，河滩上形成了天然深槽，都江堰渠首便依此地形布置了三处湃缺（都江堰泄洪排沙设施的统称）：平水槽、飞沙堰和人字堤。通过控制这些湃缺的堰底、堰顶高度和断面形制，可以起到内江低水位时壅水（指因水流受阻而产生的水位升高现象）导流，高水位时泄洪排沙和控制水量的作用。

平水槽是内江第一道湃缺，在内金刚堤右岸，底高在中水位以上。汛期岷江水量较大时，洪水淹没鱼嘴后，平水槽就会发挥作用，将部分洪水分流到外江。外江闸建成后，平水槽功用失效而被封堵。

飞沙堰就是唐宋时的“侍郎堰”，是第二处

湃缺，也是都江堰控制引水量的关键设施。飞沙堰堰底高程最低，当宝瓶口进水量超过一定标准时，余水就会从飞沙堰过流。水量越大，飞沙堰行洪泄沙能力就越强。飞沙堰堰顶高程的选择十分重要，主要取决于下游用水需求量和宝瓶口段河道冲淤与疏浚情况，要能保证足够灌溉引水的同时，又能在汛期及时泄洪。

人字堤是最后一处湃缺，以一段弧形构造与飞沙堰和宝瓶口相连。人字堤的主要功能是在中低水位时壅水，只有当水位超过一定限度时，才能和飞沙堰一起发挥更大的行洪作用。

（3）渠首永久进水口——宝瓶口

宝瓶口是都江堰内江左岸山崖和右岸离堆形成的进水口，这是一段在基岩上开凿出来的渠道，因它的断面为瓶状而得名。宝瓶口除引水功用外，口门还可以泄洪。

宝瓶口段是坚硬的砾岩，但在数千年急流的冲刷下，两岸山崖一直在悄然变化。20 世纪 50 年代，为维持宝瓶口的稳定而使用大量竹笼、木桩护岸，但终因水流太急，效果并不显著；直到

20 世纪 70 年代采用了钢筋混凝土结构加固离堆的基础，才取得了较好的效果，稳定了宝瓶口的过水断面。

都江堰是一项有着 2200 多年历史的古老工程，水利与文化、河流与人都在这里融合，共同构成了以水利为主题的都江堰文化遗产的丰富内涵。

修筑水利工程是古代社会对自然影响最大的人类活动。人类在很大的范围和程度上对自然进行改造，而改变后的自然环境又反馈给人类社会。都江堰便是以它的存在，生动地展示了一项成功的水利工程如何因地制宜、因势利导地利用自然，并对社会和区域环境作出巨大贡献。

第二节
黄河治理对华夏文明有什么影响

黄河是中国第二长河，黄河流域在中国占有重要地位，在相当长的时间里，一直都是中国的政治、经济、文化中心。黄河流域有着丰富的自然资源，特别是水土资源，是中国灌溉农业的发源地，对中华民族的繁衍和发展有过很大的贡献。但是，由于黄河有多泥沙、善淤、善决、善徙的特点，下游河道的决溢泛滥和改道迁徙也极为频繁，给沿河人民带来过深重的灾难。自古以来，为了治理黄河，中国人民进行了持久不懈的斗争，在实践中创造和发展了治理黄河的理论规划与技术思想。

1. 早期古人怎么治理黄河

黄河的治理和开发，与各朝代的经济、政治、科技、文化等各方面的发展都密切相关。

人类社会早期，黄河流域的先民以采集、狩

猎为生，对于黄河洪水主要采取躲避的方式，并没有大规模建设防洪工程的必要。随着人口、社会的发展，农业逐步成为社会的基本经济部门，人口多聚居在河流附近，人们便开始有了防洪的概念。最早是以大石或城墙来障洪，但收效甚微，直到“大禹治水”时，才开始有了“因水之流”“疏川导滞”的策略，通过疏通主干河道，并将洪水冲成的沟壑顺应水流形势整理成排水系统，从而加速洪水和渍涝的排泄，减轻洪水危害。

延伸阅读

大禹治水成功的关键是什么

传说在帝尧时期，黄河流域经常发生洪灾，大水淹没了田地，冲毁了房屋，毒蛇猛兽到处伤害百姓和牲畜，人们的生活非常苦。为了制止洪水泛滥，尧召开部落首领会议，寻找治水能手来治理水害，夏部落的鲧被推荐来负责这项工作。鲧接受任务后，用筑堤防堵的办法治水9年，但洪水一来，冲垮了堤坝，水害反而更加严重，最后鲧被放逐到羽山而死。舜继位以后，任用鲧的儿子禹治水。禹总结父亲的治水经验，改用疏导的方法，就是利用水自高向低流的自然趋势，凿山导河，开挖沟渠，引导洪水向低处流，从江河归于大海，从而消除了水患。

大禹治水，留下了许多感人的事迹。相传他左手拿着“准绳”，右手拿着“规矩”，走遍大河上下。他根据地势高低，决定水流走向，因势利导，使洪水畅通无阻，注入大海之中。大禹为了治水，13年中曾3次路过家门，他都没有进去，腿上的汗毛都在劳动中被磨光了。

大禹治水在中华文明发展史上发挥着重要作用。大禹依靠以人为本、因势利导、艰苦奋斗的理念科学治水，终于取得了治水的成功，由此形成以公而忘私、民族至上、民为邦本、科学创新等为内涵的大禹治水精神，成为中华民族精神的象征。

春秋战国时期，黄河下游地区经济迅速发展，人口繁衍，城市兴建，人与水争地势不可免，必须要依靠修建堤防来阻挡洪水了。但堤防也存在着“与生俱来”的缺点，就是泥沙和河水一起被束缚于大堤之内，会造成河床淤积，从而抬高水位，导致河堤一再加高，如此恶性循环，防洪条件也会随之不断恶化。此外，洪水决堤后的损失甚至比无堤泛滥损失更大。单纯修筑堤防反而使人类陷入了防洪困境，这促使人们去寻求新的治黄方略。

西汉成帝建始二年（公元前 31 年），清河都尉冯逡提出了分泄眼前洪水的方案，但并未付诸实施。稍晚于他的贾让则提出了治河三策，这是流传下来的最早的治理黄河的规划方案，主张通过主动适应洪水规律来减轻水灾损失，对后世有重要影响。

北宋以后的治黄方略大多以“分疏论”为主导。分流的做法对于解决下游泄洪能力不足的问题总能起到立竿见影的效果。但是分流之后，水量减少引起流速减小，反而会加重河道的淤积，因而也有相当一部分人反对分流。事实上，由于明代前期长期分流，到嘉靖末年今山东、安徽、江苏等区域内的黄河分支已有 13 股之多，河势糜烂，分水无效。这迫使人们去探索新的治黄方略，于是，明代潘季驯的“束水攻沙”理论应运而生。

2. 建堤防水的办法是谁想出来的

潘季驯（1521—1595）是明末著名的治黄专家，也是古代治理黄河成效最大并对后世影响最深的人物之一。从明代嘉靖四十四年（1565 年）到万历二十年（1592 年），潘季驯四次出任总理河道这一要职，主持治黄工作，并取得了显著的成效。他在治河技术方面的贡献主要是“束水攻沙”“蓄清刷黄”“淤滩固堤”，在治河实践上也完整实施了由遥堤、缕堤、格堤、月堤组成的堤防系统和“四防二守”的修防组织管理办法。潘式治黄方略对后世有着重大影响，他的“束水攻沙”理论在中国治河史上更是有着重要地位，在明末以至清代都是主导性的治黄思想。

潘季驯治河最主要的工具就是堤防以及附属于堤防的闸、坝等水利建筑。潘季驯提出的“筑堤束水，以水攻沙”的理论赋予了堤防新的概念：从单纯防御洪水变成了兼具治理河沙的功能。此外，潘季驯对筑堤的提倡，使得明代中叶以后的堤防技术在施工技术、验收测量、工程结构设计和养护措施等各方面都有新的发展。潘季驯在堤防修守制度上也进行了系统完善。

3. 古人治理黄河有什么经验和教训

古往今来，治理黄河的一个教训是，忽略多沙河流的特性而治黄，这方面的例子不胜枚举。在历代治理黄河的过程中，人们逐渐对黄河多沙善淤、暴涨暴落的特点和泥沙淤积与决口的规律有了进一步的分析研究，对河床低坡与流速、流速与淤积之间的关系也有了进一步的认识，这些积累为明代中叶以后把治河目标从单纯防洪转向注重治沙提供了基本依据。

在治黄实践中，经过 2000 年的改进与发展，中国的堤防技术从制堤、规划、筑堤技术、验收方法、护岸埽工（埽工：中国古代创造的以梢料、苇、秸和土石分层捆束制成的河工建筑物，可用于护岸、堵口和筑坝等）、附属闸坝工程到修守制度、堵口技术等，都日趋成熟和完善。不仅如此，由于经年不断的治河工程，修筑堤防的各项技术已为黄河两岸广大群众所掌握，为堤防工程准备了广泛的施工队伍。这些都为明代的堤防建设提供了成熟的技术条件。

此外，人们还发现，堤防除了防御洪水以外，还可以按人们的意志能动地改变水流状态（流速、流向等），这一认识又为明代束水攻沙论的产生奠定了直接的理论基础。

4. 古人治理黄河取得了哪些成效

从前文可以看出，由于黄河多沙善淤的特点，分流法在黄河治理上并非长久之计。从实践上看，历史上的分水以防决口的行为最终总是会造成淤积的严重后果；从理论上看，分水导致水少，水势变弱，挟沙能力变弱，淤积便会急剧加快。因此，潘季驯把几千年来单纯治水的主导思想转移到强调治沙、沙水并治的轨道，把治黄方略第一次落到“攻沙”“刷沙”“用沙”的出发点上，这是治黄思想的重要转折。

黄河还有另一个特点就是暴涨暴落，黄河洪峰有量大但历时短的水文特征，所以适当分泄暴涨洪水仍然是有必要的。因此，潘季驯提出了建立减水坝以代替开决口分水的方案，使河床既可以借水势冲刷，又不致溃堤决口，且工程量不大，耗费小。就减水坝的作用来说，相当于今天的溢洪道，或者宽顶溢洪堰，这标志着当时中国水工技术已具有较高水平。

潘季驯不仅认识到黄河的主要问题是泥沙，还反对以人力清沙的方式，主张利用水沙关系的自然规律来解决黄河的泥沙问题。对此，他提出了解决泥沙问题的三大方针。

第一个方针是“束水攻沙”。

“束水攻沙”就是“筑堤束水，以水攻沙，水不奔溢于两旁，则必直刷乎河底，一定之量，必然之势”。简单来说就是用建筑缕堤（顺河流靠近主槽修建的小堤，用以约束水流，增强水流的挟沙能力。堤势低矮，形如丝缕，因此得名）的方法约束水流，使水流变急，从而将沙冲走，解决河床泥沙淤积问题。但缕堤束水的问题在于，一旦遇到不能容蓄的洪水便很容易漫堤溃决，堤防一旦溃决，河道马上淤积。这也是攻沙和防洪的矛盾之处：攻沙要求两堤间的过水断面尽可能小，以增大流速；防洪则要求断面尽可能大，以容蓄洪水。

怎样才能保证既可以束水攻沙，又可以容蓄一定峰量的洪水而不致溃决？潘季驯提出了双重堤防，就是以缕堤束水攻沙，以遥堤（指筑在缕堤以外，距河岸较远处用以防范特大洪水的堤）拦洪防溃。这种方式使得河道更加稳定，攻沙的效果也有保证，是解决攻沙与防洪矛盾的重要思想。

在实践中，无论是局部还是长距离河段，双重堤防下的束水攻沙效果十分显著。据史料记载，年年决口、淤塞漫流的徐州至清口（在今江苏省淮阴区西，明清两代是黄河、淮河、运河交汇之地，扼南北运道咽喉，控黄淮入海要冲。到万历初年，清口的泥沙淤积已经对漕运产生致命威胁，黄淮更是决溢泛滥，给淮扬地区带来极大危害）段河道在施行双重堤防束水攻沙后，从万历七年（1579 年）到万历十六年（1588 年）的整整 10 年中，都没有再出现过决口漫溢之患。

第二个方针是“以清刷黄”。

“束水攻沙”主要解决清口以上的河道淤积问题，而“以清刷黄”则主要解决清口及清口以下至入海口的黄河入海前的淤积问题。

潘季驯“以清刷黄”的“清”指的就是淮水之清，具体举措则在于“借淮水之势”，通过堵塞洪泽湖大堤决口、大筑高家堰的方式，引导淮水从清口出，与黄河合流，冲沙入海。一方面合流以增大水势，另一方面则“以清释浑”，稀释了原来黄河水中的沙，这两者共同提高了对河床的冲刷能力，减缓了河床的淤积。

值得注意的是，“以清刷黄”这一方针的实施，无疑会使洪泽湖周围和淮河两岸的一些地区受到损失或影响，这又是利害权衡、得失相较的问题了。

第三个方针是“淤滩固堤”。

“淤滩固堤”是指沿河道横断面方向修筑格堤（又称横堤），把水中泥沙留下来淤高滩地，巩固堤防的方法。前两个方针立足于如何把河床中的泥沙送走，而淤滩固堤却是一个利用泥沙的措施。从过去单纯强调攻沙，转到注意用沙，这是潘季驯对束水攻沙理论与实践认识逐步深化的表现，标志着他治黄思想的进一步成熟。

尽管提出这一方针时，潘季驯自身已衰病甚危，而未能全面铺开实践，但清代却很好地继承并实践了这一思想，在黄河、永定河、南运河等处都使用了这一方法，并收到了较好的效果。直到今天，这一方针也不失为解决黄河泥沙问题的措施之一。

在治理黄河时，潘季驯面对的是黄河、淮河、运河交叉的复杂局面，因此他的治黄规划是治理黄淮下游的总体规划，把治河与治漕、治河与治淮、治河滩与治海口、兴利与除害联系起来，通盘考虑，统一规划。这是在潘季驯之前从未有过的治黄规划。

治理黄淮下游总体规划的主要内容可以概括

为：通过在黄河、淮河、运河的关键河段按规划建筑堤、坝、闸、库等一整套的水工建筑物，配合使用，起到使湖水无泛滥之虞、闸口免回沙之积、高堰无倾圮之患、淮扬免昏垫之灾、闸河少涸浅之虑、河床免淤垫溃决之祸的作用，从而达到清口畅、海口辟、运道通、民生利的效果。虽然过于理想化，但他这一全面治理规划，确实抓住了黄淮下游的主要问题，措施也都切实可行，所以，潘季驯之后，绝大多数河官的治河方案，都未超出这个规划范围。

此外，潘季驯还专门提出了一套系统的堤防修守制度。这套制度，除了对筑堤、塞决、建坝、建闸、建涵洞、护堤等河工技术分别作出明确规定外，对于堤防的岁修守护，特别是防洪度汛，也总结出了一套行之有效的办法，对后世的河官修守、河工守险、重点防范等，避免决口泛滥，在更加主动的地位上防洪治河，都发挥了积极的指导作用。

第三节
跨越 2500 多年的大运河

1. 为什么要开凿大运河

中国运河自战国时期吴王夫差开凿邗沟开始，至今已有 2500 多年的历史。早期的运河以局部沟通自然水系的区间运河为主，至隋代形成由通济渠、永济渠、淮扬运河、江南运河、浙东运河构成的以洛阳或开封为中心的大运河，到宋朝时被称为“隋唐宋大运河”；元代定都北京，新开通惠河、会通河，又形成自北京至杭州、杭州至宁波总长 2000 多千米的京杭运河，到清朝时被称为“元明清大运河”。

中国地形总体西北高、东南低，主要河流都自西向东流入大海，形成了水系分隔的地理环境。同时，中国地处东亚季风区，水资源分布在地域和时空上都存在极大差异。此外，水源也是中国运河需要解决的严峻问题之一，黄河变迁更是对运河航运最大的干扰因素。从南宋建炎二年（1128 年）到清咸丰五年（1855 年）的 700 多年间，黄河泛滥导致淮河以北的运河频繁改道，大量湖泊因黄河冲淤而消失或形成。这些都是中国大运河开凿所要面对的自然背景。

中国大运河南北纵横，贯穿于黄淮海平原、长江三角洲平原，分别沟通了海河流域各水系，实现黄淮、江淮、长江—太湖—钱塘江的联系，是世界上穿越天然江河最多、路线最长、沿线地形高差最大的运河。

由天然河流之间的区间运河，演变为沟通多个流域、由多种类型的水利工程共同组成的大运河工程体系，成为国家经济中举足轻重的交通命脉，折射出不同历史时期的国家意志对江河拥有和水资源分配权的垄断，以及古人改造自然、利用自然的决心和科技能力。

中国大运河作为跨流域工程，涉及不同的河湖水系，牵扯到供水、防洪、坡降、泥沙、通航等多种问题，中国运河方面的工程科技反映了各历史时期水利工程科技的水平，具有突出特点和典型意义。

2014 年 6 月，在第 38 届世界遗产大会上，由京杭大运河、隋唐大运河及浙东运河组成的“中国大运河”项目成功入选《世界文化遗产名录》。

2. 隋唐以前有什么运河工程

隋代以前，中国的运河工程以局部沟通自然水系的区间运河为主。这一时期属于中国运河工程的初步发展阶段，通过区域水系的规划和闸坝工程的建造，初步解决了与自然江河水位、水量的衔接，水源的导引以及区域间分水岭的跨越。

春秋末年至战国时，群雄争霸的兼并战争促使诸侯国开凿运河，这一时期的运河建设多出于军事目的，在规划路线时主要考虑在尽可能短的时间内实现河流间的连接。这类运河一旦放弃经营，很快就会淤废。但居于重要交通地位且沟通大江大河的运河，随着后世的不断改造，人工航道逐渐延长，工程设施不断完善，便会逐渐演进为完全渠化的跨流域的骨干水路。到三国两晋南北朝时期，长江以南，黄淮间、海河流域的运河工程都得到了快速发展，沟通江、淮、黄、海四大水系的运河网初步形成。

堰坝工程是人类改造自然水系水资源条件的重要技术手段，在隋代之前，以堰坝为主的控制工程已经因地制宜地在区间运河上得到运用：三国时期，曹魏建枋堰截淇水入白沟，是最早的运河水源工程；同时期，江南地区的孙吴开破冈渎，立十二埭以跨越分水岭通漕，是最早的运河节制工程。在这一阶段，运河上的闸坝工程主要应用在三个方面：建在邻近自然河流上，引水济运；建于运河与自然河流平交处，减小自然河流对运河的干扰；在坡降较大的运河分段节制蓄水通航。

到 6 世纪，通过区间运河的联系，中国已经初步实现海河、黄河、淮河、长江、太湖、钱塘江几大水系水运的贯通。

3. 大运河体系是什么时候形成的

（1）大运河体系的形成

隋代开凿了通济渠和永济渠，并系统整治了

淮扬运河和江南运河，形成了以洛阳为中心的大运河体系。唐宋时期因循隋代的规划，不仅在技术上达到了历史上运河建设的第二次高潮，还进入了运河运用的辉煌时期。这一时期的运河，通过系统的河道整治，系统的堤防、水源工程和闸坝等控制性工程的建设，初步形成了独立运河水道。从水运史的角度看，这一时期的漕运制度达到了历史最高峰，通过仓储与水道的结合，形成卓有成效的漕运组织，往后各代虽都有沿用，但均未能超越唐宋时期。

隋唐宋时代，中国再次进入了大一统帝国的统治时期，一条将政治中心与经济中心联系起来的交通水路成为立国之本。隋在立国不到40年的时间里完成了大运河系统的构建，而大运河工程体系的完善和漕运的经营还是在此后600多年的唐宋帝国时期。以连通隋唐洛阳和北宋开封为目的的大运河，先后通过永济渠和通济渠将前代开凿的淮扬运河和江南运河联系起来。永济渠沟通整合华北平原各水系，并成为海河南系和北系干流，海河流域至此形成。通济渠（汴渠）原本以黄河为水源，北宋时期实施了截断黄河、引洛水入汴的“清汴工程”，运河水源工程规划达到新的水平。这一运河体系成为支撑两个著名王朝的经济命脉，并在相应时期的社会、政治、文化中留下了深刻的印迹。

（2）复闸工程及管理

宋代“复闸”（就是在运河上连续布置两个或两个以上的水闸，多个闸门形成多级闸室，将运河高差集中到一处，通过两个或两个以上闸门的联合运用，使船只平稳地渡过水面高差，同时控制船只过闸时运河水量的下泄。它的工作原理与现代船闸无异。欧洲直至17世纪才出现此类工程）的发明和应用是10—12世纪运河工程史上的最高成就，甚至代表了当时世界的最高水平。中国大运河上建造的第一座复闸是北宋雍熙元年（984年）在淮扬运河北端所建的西河闸。复闸主要分布在淮扬运河和江南运河上。复闸的运用不仅可以实现船只的平稳过渡，还能大大减少船只过闸时的水量损失，这对水源经常不足的河段意义非常重大。

复闸需要严格执行运输组织管理，但它从诞

生之初便遭遇了管理上的障碍，这是由于当时的高官权贵们都有优先过闸的特权，使得复闸的管理应用无法持久，因而许多复闸大多又改为了单闸，甚至恢复为坝。

（3）清汴工程

清汴工程是指停止以多沙的黄河水为水源，改为将洛河等河的清水引入汴河的工程。这是因为黄河的高含沙量水流和暴涨暴落的水位，使得汴河通航条件极为恶劣，溃堤、决口、断航时有发生，水道疏浚更是工程浩大，民不堪扰。

清汴工程主要由三部分组成——引水渠（长约 25.5 千米）、节制坝或斗门（增加或减泄入渠水量）和水柜（运河补水），同时在汴河沿程进行了“木岸狭河”（木岸狭河包含两部分工程措施：河道裁弯取直和以木岸缩窄河道。其中“木岸”是指以木桩顺河岸密排打入滩地中形成的河岸）等整治工程，用以护岸和改善河道通航质量。

4. 大运河在元明清发挥了什么作用

元代建都大都，由郭守敬主持系统勘测规

划，分别开凿了会通河与通惠河，形成了自杭州至北京并由浙东到宁波的连续水路，这就是“京杭运河”。作为中国东部南北交通的大动脉，京杭运河为元明清三代国家统一、经济文化交流发挥了举足轻重的作用。

京杭运河按照地理环境、水系及河道水利工程特性等分为 8 段，自北而南依次为：通惠河、北运河、南运河、会通河、中运河、淮扬运河、江南运河、浙东运河。这些运河沟通了海河、黄河、淮河、长江、太湖和钱塘江等几大水系，全长约 2000 千米。经行地区地形地貌、水文资源条件差异极大，但通过系统水利工程的规划和建设管理，京杭运河实现了近 600 年的畅通，岁漕运量达 400 万担。

元明清时期大运河工程科技进一步发展，通过大型工程枢纽、大规模工程群的建设和运用，解决运河水源问题、地形高差的跨越、防洪问题以及黄淮水运关系等问题，是这一时期运河工程科技的突出特点。同类工程建设和管理都开始趋向标准化。

这一时期运河上兴建了长约 60 千米、最大坝高达 19 米的大型堰坝工程——高家堰，并由此形成了中国第四大淡水湖——洪泽湖。会通河水源工程戴村坝、浙东运河控制工程三江闸以及各减水闸坝，也大多是长度超过 100 米的大型砌石工程。这些大型砌石堰坝工程的建造，在 13—19 世纪世界土木工程技术史上都具有重要意义。超过 30 座的连续节制闸群在会通河、通惠河上的运用，是这一时期解决运河地形坡降和水源下泄问题典型技术手段的代表，同时也体现了工程系统管理方面的能力。而系列减水工程更是已经成为南、北运河及淮扬运河普遍应用的防洪技术手段。

遗憾的是，由于黄淮入海水道的严重淤积，淮河下游入海不畅，最终导致大运河在 19 世纪中期寿终正寝，20 世纪初，清政府宣布终止漕运，中国大运河从此失去国家管理，成为区域性河流。

（本章执笔：胡晗博士）

中外科学技术对照大事年表

（远古到 1911 年）

水利

约公元前 3500 年

埃及开始测量尼罗河水位

公元前 8 世纪

坎儿井技术起源于今伊拉克、伊朗境内

1242 年

鄞县（今浙江宁波）新建水则，即测量江河湖海等水体水面高程的装置，相当于现代的水尺

1256—1259 年

吴潜建“平字水则碑”，通过测量宁波月湖水位控制中塘河、南塘河水位

公元前 6 世纪

楚庄王时期建成芍陂蓄水灌溉工程；楚灵王时期在扬水、夏水之间开渠通漕

7 世纪初

中国大规模开凿运河，全国水运网形成

9 世纪中叶

中国的水车及其制造方法传入日本，用于渠堰不便处，使缺水高远之地能正常种植水稻；中国龙骨水车已比较普遍，且有手转、足踏、牛转等多种类型

984 年

第一座复闸——西河闸在淮扬运河北端建成